真正的强大
在于心

冯化志 ◎ 编著

中国商业出版社

图书在版编目（CIP）数据

真正的强大在于心 / 冯化志编著 . -- 北京 : 中国商业出版社，2019.9
　　ISBN 978-7-5208-0863-7

　　Ⅰ．①真… Ⅱ．①冯… Ⅲ．①男性－心理学－通俗读物 Ⅳ．① B844.6-49

中国版本图书馆 CIP 数据核字 (2019) 第 175054 号

责任编辑：常 松

中国商业出版社出版发行
010-63180647　www.c-cbook.com
（100053　北京广安门内报国寺 1 号）
新华书店经销
山东汇文印务有限公司印刷
*
710 毫米×1000 毫米　16 开　13 印张　160 千字
2020 年 1 月第 1 版　2020 年 1 月第 1 次印刷
定价：48.00 元
* * * *
（如有印装质量问题可更换）

前　言

心理是指人内在活动梳理的过程和结果，具体是指我们对客观物质世界的主观反映。心理伴随着我们每个人的一生，拥有良好的心理，就能够提升我们的心理素质，塑造我们的完美个性，增添我们的人格魅力。

心理学的实质告诉我们，拥有健康、强大、成功的人生才是最幸福的，而心理因素则是幸福之本。无论你多么强壮、多么富有、多么伟大，如果受到不良心理的困扰，看待问题及处理事情就会偏颇，人生的幸福就会受到影响。而许多原本一无所有的人，正是因为拥有健康、强大的心理，才创造了幸福的生活，成就了辉煌的人生。

在现实生活中，由于不良心理的因素，对我们产生的负面影响非常巨大。据世界卫生组织估计，全球每年自杀未遂的达1000万人以上，造成功能性残缺最大的前10位疾病中有5位属于精神障碍。由此推算，我国精神疾病人群的数量至2020年将上升至疾病总数的四分之一。

据世界卫生组织估计，目前我国约3亿人存在心理问题，其中约有1.9亿人需要接受专业心理咨询或心理治疗。另据调查，13亿人口中有各种精神障碍和心理障碍患者达1600多万人，1.5亿青少年人群中受情绪和压力困扰的就有3000多万人。

从某种程度上来说，良好的心理就是一种圆润成熟的处世哲学，一种淡定从容的胸襟与气度。在生活中，你是否一遇到不高兴的事情就垂头丧气呢？在职场上，你是否一有压力就烦躁不已呢？在家庭里，你是否一遇到不合自己心意的事就大发雷霆呢？这都是由心理而滋生的情绪在作怪。心理情绪是个很复杂的东西，好情绪可以成就我们的人生，而坏情绪则可能让我们走向反面。尤其是在这个竞争日益激烈的社会，心态往往能够决定一个人的人生命运。

法国著名作家和哲学家让·保罗·萨特说："人生无法改变，人生的所有意义在于你的赋予。"所谓赋予人生某种意义，就是以某种心态和情绪去面对而已。人生并非只是一种无奈，而是可以由自身主观努力去把握和调控的，心态就是我们调控人生的控制塔。心态的不同导致人生的不同，而且这种不同终会呈现出天壤之别。

如果我们想改变自己的命运，那么必要的情况下就必须改变自己的心态。心态不好，会让一个美好的环境变得很糟糕，让自己的生活与工作，一天天陷入黑暗的深渊；而改变心态，可以把恶劣的环境变成对自己有利的环境。只要心态是正确的，我们的世界也会是光明的。

无数事实证明，一个好的命运背后必然有一个积极、健康的心态，真正的强大在于内心。因此，改变心态就等于改变人生。一个好的心态，能使你在社会交往中把握分寸，洞悉对方，大大提高人际能力，并能辩证地看待问题，在大方向上准确地驾驭自己，从而更好地把握人生。

为了提升人们的心理素质，我们特别编撰了本书。本书从生活模式、高标做事、处世有道、从容社交、获取成功等方面入手，具体分析了我们在人生的各个方面、各个阶段容易出现的心理问题，并切实地提出了许多行之有效的自我调适方法，力图对我们人生的整个日常心理健康起到一定的指导作用，从而为我们谱写快乐而美好的生活旋律奠定坚实的根基。

目　　录

第一章　生活模式的心理调适
　　将焦虑心理调整为镇静……………………………002
　　把抑郁情绪改变为开朗……………………………008
　　将内心空虚转化为充实……………………………013
　　消除身心的疲劳与负累……………………………019
　　从灵魂深处戒掉烟瘾………………………………024
　　注意节制而不酗酒…………………………………028
　　坚决根除赌博的恶习………………………………033
　　坚决避免沾染毒品…………………………………039

第二章　高标做事的心理掌控
　　将犹豫心理转化为果断……………………………046
　　将急躁情绪转变为耐心……………………………051
　　把鲁莽性格调整为慎重……………………………058
　　把盲目心理调整为明确……………………………062
　　将夸夸其谈转变为务实肯干………………………068
　　把压力转化为奋进的动力…………………………072
　　把懈怠懒惰变为勤劳………………………………078
　　把粗心草率变为细心………………………………084

第三章 处世有道的心理调整

将好胜之心转化为谦让 …………………………… 092

将狂躁之心转化为平静 …………………………… 097

将暴怒心理转变为平和 …………………………… 101

将自大心理转变为谦逊 …………………………… 106

将贪婪心理变为知足 ……………………………… 111

把自恋心理转变为自爱 …………………………… 116

正确认知宅男意识 ………………………………… 121

第四章 从容社交的心理态势

将偏执心理转变为通达 …………………………… 126

将孤僻心理转变为开朗 …………………………… 130

将敌对心理转变为宽容 …………………………… 136

将报复心理调整为宽恕 …………………………… 142

将吹嘘的习性转变为谦虚 ………………………… 148

将虚荣心转变为务实 ……………………………… 152

把吝啬心调整为慷慨 ……………………………… 158

将虚伪心变为诚实 ………………………………… 161

第五章 获取成功的心理素质

让自卑心理变为自信 ……………………………… 168

将恐惧心理调整为无畏 …………………………… 174

将狂妄之心转化为低调 …………………………… 178

将易发的冲动转化为冷静 ………………………… 184

将悲观心理转变为乐观 …………………………… 189

把失望心理转变成希望 …………………………… 196

第一章　生活模式的心理调适

　　面对苍茫宇宙，我们在这短暂的数十载中，有的成了许多人仰慕的对象，有的创造了令世人瞩目的辉煌，有的改变了这个世界，而有的却默默无闻，一事无成。之所以会形成这种局面，其根源就在于心理。

　　良好的心理状态能够让我们表现出良好的行为，不良的心态会让我们表现出糟糕的行为。因此，我们只有适当地调节不好的心理，才能够正确地做出判断和行为，才能使我们保持最佳的心理状态，从而获得幸福的生活。

将焦虑心理调整为镇静

以男人为例,在很多人的心目中,男人都是强者的代名词。然而,我们这些铁打的硬汉却常常被社会压力和家庭责任搞得疲惫不堪,因此焦虑就成了我们重要的心理问题。只有解决好焦虑问题,才能让我们的男人重新找回镇静、坦然、自由和健康的人生。

1. 辩证地看待焦虑与镇静

焦虑是男人的一种情绪,有的人往往对未来可能出现的情况有种种不利的负性猜测,结果造成紧张、不安和恐惧。这种焦虑是暂时的。从某种意义上来讲,人类的生存也有赖于焦虑情绪的存在。

我们正常人在面对困难或有危险的任务,预感将有不利的情况或危险发生时,会产生一种没有明确原因的、令人不愉快的紧张焦虑状态,这种焦虑通常并不构成疾病,是一种正常的心理状态。

通常我们过马路时会左右看看,一辆辆汽车从我们面前驶过,我们会产生焦虑紧张的感觉。人行道上的绿灯亮后,我们才从人行道上过马路,焦虑情绪自然就释放出来。如果没有焦虑紧张的感觉,无所谓地过马路,后果是可想而知的。

同样，适当的焦虑情绪也能更好地帮助我们的工作和学习。每年学校中考、高考之前，学生都会产生适度的焦虑情绪，这种焦虑紧张情绪能保持我们的警觉性及应激水平，使我们的潜能得到充分的发挥。

我们正常人的焦虑情绪也称现实焦虑，只要未来发生的事情能顺利完成，焦虑就消失了，我们就会重新进入一种坦然镇静的状态之中。

可见焦虑并不是坏事，焦虑往往能够促使我们鼓起力量，去应对即将发生的危机。从这个意义上说，焦虑是一种积极应激的本能。只有当焦虑的程度及持续时间超过一定范围时才成为焦虑症，这就会妨碍我们应对和处理危机，甚至会妨碍正常的生活。

有焦虑性障碍患者的焦虑往往是一种预期性焦虑，也可以说是一种真正意义的焦虑，一种病态的焦虑。比如失眠，很多人可能都会有这个问题，但是对于焦虑患者来说，失眠的危害会更严重。一般人失眠了，并不会对他的日常生活有太大影响，至少我们不会把失眠看得那么重要，我们能够镇静坦然地应付自己的日常工作，忘记昨天晚上的失眠。

而焦虑患者却不是这样，他不能从自己的失眠思绪中走出，所以在头脑里一直都想着：今晚再睡不着怎么办？这甚至严重影响到他的日常生活和工作。

我们往往躺在床上后，翻来覆去不能入睡，结果越想越睡不着，时间久了，我们对睡眠也就产生恐惧不安了，如此恶性循环，失眠也就越来越严重了。

如果我们男人患有焦虑情绪障碍，那么就可能无时无刻不在为未发生的事情发愁、苦恼、烦躁，所以就会整天提心吊胆、心慌、呼吸急促、尿频、尿急、搓手顿足、唉声叹气，还会出现手脚心多汗、颤抖等植物神经性功能失调现象。

2. 消除焦虑的方法

随着经济的飞速发展，生活节奏的不断加快，心理焦虑造成的心理疲劳不知不觉潜伏在了我们身边。当然它不会一朝一夕就置我们于死地，而是到了一定时间，达到一定的疲劳量，才会引发疾病，所以往往容易被我们忽视。那么，我们怎样才能有效地消除焦虑呢？

（1）寻找滋生原因

焦虑症作为一种病征，只有找到其滋生的根源，才可能对症治疗。躯体疾病或者生物功能障碍虽然不会是引起焦虑症的唯一原因，但是，在某些罕见的情况下，我们的焦虑症状可以由躯体因素而引发，比如甲状腺亢进、肾上腺肿瘤等。我们的认知过程，或者是思维，在焦虑症状的形成中也起着极其重要的作用。研究发现，抑郁症病人在有应激事件发生的情况下，更有可能出现焦虑症。

（2）去除恐惧心理

焦虑的性质是一种心理反应，虽然焦虑时有各种身体症状，但不是我们身体发生了严重疾病，因此不要害怕。我们应充分认识到焦虑症不是器质性疾病，对我们的生命没有直接威胁，因此我们不应有任何精神压力和心理负担。

（3）提高自信心

个性胆怯、自信不足的人往往易产生焦虑，所以，我们要注意心理卫生，提高自信，充分发挥我们的积极因素，要敢于面对现实。

我们要树立战胜疾病的信心，应坚信自己所担心的事情是根本不存在的，经过适当治疗，是完全可以治愈的。

（4）学会自我调节

我们要学会调节情绪和自我控制，如心理松弛、转移注意力、排除杂念,以达到顺其自然、泰然处之的境界。我们要学会正确处理各种突发事件,增强心理防御能力。

(5)争取相关支持

在可能的情况下争取家人、同事、组织上的关照、支持,解决好引起焦虑的具体问题。

(6)培养兴趣爱好

培养广泛的兴趣和爱好,使心情豁达开朗。我们要积极参加文体活动,包括听音乐、打球、跳舞,这样能迅速减轻焦虑。

(7)勇敢面对

对于我们感到害怕或焦虑的目标采取逃避、拖延等行为,会导致担忧、害怕和焦虑继续存在。勇敢面对,能够帮助我们解决所担心的问题,这是战胜焦虑的最佳方法。

3. 保持镇静的要素

镇静是我们男性失意后的乐观,沮丧时的自我调整。镇静其实就是平淡中的一份自信、一份快乐、一种潇洒。生活里没有旁观者,我们每个人都有一个属于自己的位置,每个人也都能找到一种属于自己的精彩。那么我们男性平时怎样做到镇静呢?

(1)呼吸放松法

我们可以这样做:坐着或躺着,闭上眼睛进行深呼吸,呼吸时速度要慢,将注意力放在身体的感觉上,在呼气时可以想象,这样紧张就会随着呼出的气体离开身体,而吸气的时候就想象有一股能量被我们吸入胸腔,不断地呼吸,不断地感受。

保持一种缓慢均匀的呼吸频率,将空气深吸入肺,然后缓慢地全部呼出来。注意,吸气时应让我们的肺部鼓起来,这表示我们已用肺呼吸,直至我们觉得所有的紧张都被呼出体外为止，而吸进的能量则从我们的胸腔弥漫开来，直到充盈我们的全身。

（2）肌肉松弛法

肌肉松弛法，即通过全身主要肌肉收缩和放松的反复交替训练，使我们体验到紧张和放松的不同感觉，从而更好地认识紧张反应，并能够对身体各个器官的功能起到调整作用，最后达到身心放松的目的。

找一个舒服的坐姿，先做三五次深呼吸，然后迅速地绷紧肌肉，保持5秒钟，然后回到放松状态，重复几次就可以了。

（3）音乐放松法

我们男人在疲劳时，可以放一些比较轻快的音乐，切不可放悲伤哀愁的歌曲，这样会让我们的情绪更加低落。信心不足时，可放《我的未来不是梦》《从头再来》《阳光总在风雨后》《真心英雄》等励志歌曲来激励自己。

（4）冥想放松法

通过一些广阔、宁静、舒缓的画面或场景的想象来达到放松身心的目的。我们可以回想一些曾经欣赏过的优美风景，例如日出、晚霞、蓝天、大海、森林草原等广阔、宁静、优美的景象，达到放松身心的目的。

（5）运动放松法

我们男人学习疲劳时可放下书本，稍稍活动一下，如散步20分钟，小跑一会儿，做一些摇摆、踢腿等运动都会使紧张的情绪消失。

（6）合理宣泄法

有时可以把我们的焦虑倾吐给好友或父母，也可以写在日记本上，但千万不要闷在心里。

（7）心理暗示法

我们可以给自己一些肯定的、正面的暗示，如用"我已经准备好了""我有自信""我很轻松""我对自己特别有信心""我知道我能通过这次考试""我会成功的"等这些励志的话语来振奋精神，增强信心。

贴心小提示

亲爱的男性朋友，下面介绍一些方法来缓解你的焦虑情绪，你不妨试一试吧！

放慢生活节奏，把无所事事的时间也安排在日程表中。

沉着冷静地处理各种复杂问题，有助于舒缓紧张的情绪。

准备一条冷毛巾，随时擦脸，以助清醒。

脱掉鞋袜，用脚尖走路，走上几分钟，心中的烦恼便会跟着走掉了。

找一位乐观的朋友或同事倾诉，发泄一下情绪。听别人说话同样是一件惬意的事情。

喝一杯酸梅汤或果汁醋，疏通肝气。

闭上眼睛，尽力想身体后面的景物，平衡前后脑的压力。

读一读你最崇拜的人的格言，并认真思考，这样会起到镇定作用。

多赞美及鼓励自己，不要遇到挫折就苛责自己。

做到晚上10时前睡觉，早上6时左右起床。

多看喜剧片，并开怀大笑一番。健康的开怀大笑是消除疲劳的最好方法，也是一种愉快的发泄方法。

简化自己的生活及欲望，因为生活越复杂，压力就越大。

自己动手做东西，会使你更满足、更快乐，如可以烹饪或做自己喜欢的事。

不要总是抱怨麻烦事情落在自己头上,而是要想老天给你与日俱增的经验和智慧,生活因此更丰富。

经常到书店看看,读一些励志的书籍、漫画及幽默文选。

要不断告诉自己,要接纳不同的观念或行为。

把抑郁情绪改变为开朗

抑郁是一种特殊的心境,是一种常见的消极情绪反应,它是低沉、灰暗的情感基调,轻度抑郁表现为烦闷、消沉、郁郁寡欢、状态不佳、心烦意乱、苦恼、忧伤到悲观、绝望,严重时会产生自杀的念头或行动。所以必须注重调适。

我们既有获得自我空间的需要,又有交流沟通的渴望。在这种情况下,我们最好设法让自己由抑郁变得开朗,唯有如此,我们才能走得更远,也才能生活得舒心而快乐。

1. 辩证地看待抑郁与开朗

所谓抑郁症,简单地说,就是情绪低落,一整天高兴不起来,时间持续两个星期以上。这种症状的形成跟当事人的个性特点有关,往往责任与焦虑成正比,责任心强、做事认真、好强的男人更易患抑郁症。

一般来说,抑郁症发病前有一定的精神诱因,如家庭矛盾、经济纠纷、夫妻不睦、子女不孝、身患重疾等,尤其是忽然进入一个新的环境,社会圈子缩小,心理有障碍和落差,如不及时进行心理调节,就很容易患抑郁症。

判断我们是否患了抑郁症,可以从下面一些典型症状进行判断,如出现厌倦、心情烦躁、注意力涣散、思维迟钝等疲劳症状,那就表明我们可能已经接近患有抑郁症了。

如果再加上我们情绪低沉、郁郁寡欢，对自己的前途悲观失望，对自己微不足道的过错加以夸大，认为犯了弥天大罪，兴趣索然，甚至出现消极观念及轻生行为，那么毫无疑问，我们正在遭受抑郁症的折磨。

此外，抑郁症患者还表现为言语减少、行动减少、睡眠差、焦虑及各种疑病症状。

为什么会得抑郁症呢？医学专家认为主要的原因是我们脑神经功能发生了异常，此外，快节奏的社会生活产生的压力、生活中的困难和不如意事情也是促发因素。

在抑郁症的治疗方面，医学专家认为，一般是心理治疗为本，药物治疗为标，一定要接受心理治疗，必要时服药治疗。

抑郁是可以治愈的心理疾患，如果我们已经出现一些症状，请不要害怕。相信经过有效的治疗，再加上家人和朋友的细心照料与精神慰藉，我们会最终走出抑郁的阴影，以更加积极健康的心态投身到自己的生活工作中去。

2. 消除抑郁的方法

抑郁症对我们个人生活、家庭、事业以及社会都会产生一些负面影响，因此，我们应该像对待糖尿病、冠心病一样认真对待这种高发病率的疾病。那么我们平时该如何注意呢？

（1）认清抑郁

多数抑郁患者其抑郁是因躯体疾病而产生的，如各种癌症、脑血管意外、高血压、冠心病、糖尿病、类风湿性关节炎等疾病。也有少数患者抑郁是发生在躯体疾病之前，即生活事件的应激，如亲人病故、心理受挫折、工作压力太大等。

抑郁是我们的一种身心疾病，而不是人的一种缺点或性格缺陷，通过自我心理调节、心理治疗及适当的抗抑郁药物的治疗，抑郁大多能康复。

（2）拥抱自信

我们男人若在生活中偶尔抑郁，不必过分忧虑，要相信自己的身体自然会调节适应。人的身心弹性甚大，偶尔抑郁之后，自然就会消失。

即使我们已经患上了抑郁症，也不必过分担心，因为抑郁症是可治之症，临床医学证明，85%的患者可以经过治疗得到缓解，经过6~8周药物治疗后，绝大部分的患者可痊愈或接近痊愈。

（3）停药治疗

有些抑郁症是由药源性引起的，因此一定要找到我们致病的原因，如果是由于服用某种药物引起，那就应该立即停药。

（4）自我调适法

我们大多数人都会有情绪低落的时候，随着时间的推移和自我调适，这种情绪很快会消失。

但是如果这种低落情绪长时间挥之不去，并已妨碍了我们的注意力、记忆、思考、抉择等心理功能，或者上学、上班、家务、社交等活动的话，那我们就应该重视了。

心境抑郁主要是由我们的心情决定的，心病还得心药医、解铃还须系铃人。所以自己心理调适是最重要的。

3. 保持开朗

我们每天生活在纷扰、繁杂的世间，往往会遇到一些不尽如人意的人和事。面对这样的环境，我们不能在自己抑郁后才想着去如何克服，重要的是时刻保持心情开朗，这样就避免了抑郁，促进了我们身心的健康。那么如何才能让我们时刻保持开朗的心境呢？

(1) 善于控制情绪

我们要调整自己的心态，以平和的心境，沉着而坚定地去面对碰到的种种难题，一步一步向前迈进。心态开朗了，健康了，自然就活得轻松和踏实。

今天克服不了的难关，也许明天就能解决。人们应该抱着这样的希望，坚韧而严肃地生活。如果碰上一丁点挫折，就整日整夜忧心忡忡，唉声叹气，甚至失去面对的勇气，失去对未来的希望，这只会让生命不断地萎缩与枯槁下去！

(2) 坦然面对得失

学会从容地去应对突发事件，时时保持开朗健康的心态，诚恳地反思自己，善良地对待别人，踏踏实实地做些有益的事情，这才是对待人生应有的态度。保持开朗健康的心态，会使你更加充满活力，也会使你的生活变得更加欢乐和安宁。

(3) 良好的生活规律

避免抑郁的最有效方法，是使我们的生活起居规律化，养成按时就寝与按时起床的习惯，从而建立自己的生理时钟。有时因事而晚睡，早晨仍然按时起床；遇有周末假期，避免多睡懒觉；睡眠不能贮储，睡多了也无用。

(4) 睡前放松

睡前半小时内我们要避免过分劳心或劳力的工作。即使明天要参加考试等，也绝不带着思考中的难题上床。临睡前听听轻音乐，有助于睡眠。

(5) 乐于助人

在现实生活中，不是每个人都能一帆风顺的，在有能力帮助别人的时候，一定要竭尽全力地帮助别人，这样你以后的路就会越走越宽，这也是拥有一个好心情的方法之一。

（6）学会让步

俗话说："忍一时风平浪静，退一步海阔天空。"在适当的时候我们要善于做出让步，以免自己的心理压力太大或者是平添烦恼给自己的生活带来很多不愉快。

（7）恰当发泄情绪

我们每个人都不可能是没有情绪的，在这个时候，除了要冷静之外，还要为这些情绪找一个安全恰当的发泄方式，比如说去跑步，或者是把它转换为一种工作的动力，切忌借酒浇愁。

（8）正面思考

很多人总是在一件事情发生以后，最先看到这件事情不好的方面，而往往忽视了好的方面，古语说"祸福相伴"，我们要多看到事物好的一面。

贴心小提示

我们的生活有太多不确定的因素，随时可能会被突如其来的变化扰乱心情。与其随波逐流，不如有意识地帮助自己调整心情，培养一些让自己快乐的习惯。

心理学家建议，每天用相机拍下一些身边的人和事，如窗外的树木、路边的小花、邻居家的孩子和朋友的婚礼等。将这些随时可能被遗忘的片段记录下来，当我们不定期整理照片时，会觉得所有的细节都是美好回忆，没什么可抱怨的，于是自己会很容易变得快乐起来。

有写日记习惯的人，只是在纸上随手涂鸦或草草地写上几句，便能反映出潜意识中的心理状态，写邮件也是如此。而定期与朋友通邮件，聊聊最近的生活，不仅能帮助我们放下心里的事情，还能帮助我们拾起淡漠的友情。

有研究指出，因为在婴儿时期便置身于羊水中，因此人与生俱来就是亲水的。在水边散步，能有效地帮助人放松身心，即使烦恼再多，在有绿树有流水的环境中，我们也能暂时抛开一切，为自己偷得片刻悠闲。

我们心情不好时，打开车上的收音机，调到较大音量，跟着里面播放的旋律大声歌唱，完全不必在意别人投来的异样的眼光。也许此时的你在别人眼中有点傻乎乎的，但这确实是一种让人快速释放心情的好方法。

每天对着镜子努力地笑一下。如果发现自己的表情很难看，那一定会情不自禁地笑出来，心情马上就会好一点。

让自己开朗起来的方法还有很多，我们平时要积极发现那些能够让自己快乐起来的东西，这样，我们便会发现自己的快乐越来越多，心情越来越开朗，身体越来越健康。

将内心空虚转化为充实

心理空虚是由于我们不思追求、无所事事造成的。因为不思追求，所以人生就缺乏奋斗目标，就不会有拼搏的乐趣和成功的欢愉。

因此，我们要让自己充实起来，让自己的生活更加丰富多彩。

1. 辩证地看待空虚与充实

心理空虚是一种社会普遍的心理现象，当一个社会失去精神支柱或社会价值多元化导致人们无所适从时，我们就容易产生空虚的心态。

空虚通常发生在这样两种情景之中，一种是我们的物质条件十分优越，胸无大志，无须为生活烦恼和忙碌，习惯并满足于享受，看不到也不愿看到人生的真实意义，没有也不想有积极的生活目的。

另一种是我们心比天高，对别人向往的目标不屑追求，而我们自己向往的目标又无法达到而难以追求，结果是心灵虚无空荡，精神无从着落。

精神空虚的人什么事都不想做，一旦懒惰下去，精神就会更加空虚萎靡，身体也会跟着出现很多症状。

于是，为了摆脱这种心理上的饥饿，我们就有可能因寻求刺激而去抽烟、喝酒、赌博，甚至闹事，以此来打发时间。个别的还会走上偷盗等犯罪的道路。因此，摆脱精神空虚必须根据自己的实际情况，采取相应措施。

生活是不是过得充实，这应该是取决于我们自己，为了充实就让自己不停地忙碌，没有时间去想别的事情，这并不是长久之计，也许这在一段时间内你感觉充实了，但同时也会带来其他的烦恼。

我们之所以想过得充实，一方面也许是你想让自己的生活过得更有意义，一方面也许是你不想让自己去想一些不开心的事情，但不管怎么样，这些都取决于你，无论从哪个角度讲，劳与逸相结合才是科学的，而且时间也是最好的药方。

其实生活是丰富的、是多彩的，就看自己是怎么看，很多时候，很多东西是要辩证地去看，打起精神，勇敢面对生活，生活就充实了。

2. 消除空虚的方法

空虚是指百无聊赖，寂寞孤单，事与愿违的消极心态，是心理不充实的表现。

当人长期生活在空虚状态中，就会产生抑郁症、忧郁症、孤独症等病症。那么如果我们正在遭遇精神空虚，我们该怎么办呢？

（1）拥有良好的志向

有志向，才会有追求。当然，我们的志向要与自身的实际水平和能力相适应，志向太低了无须努力，也不会去努力；志向太高了难以奋斗，也无从奋斗，到头来仍然是没有努力和奋斗。

（2）善于调整目标

在充实自己的过程中，要适当地调整计划。如果你觉得干点别的事情比这件事情更有效于自我充实，那么请不要犹豫，立即修改计划。

比如说，也许你会觉得多读一点有关精神方面的书籍比自我反省有用多了，那么你就可以把每天的计划从自我反省改为书籍阅读。另一方面，如果你觉得它们两者都有存在的必要，那么你可以把两者都编入计划，做计划的原则是越少越好。

还有一种可能就是增加工作的强度，使自己更上一个台阶。比如说，可以把每天半个小时的体育锻炼改为每天一个小时。通过这种方式，我们就可以确保自己每天都在丰富自己的生活。

虽然我们有时会经常忘记自己每天的计划任务，但是我们还是会在某段时间里做出计划任务，而且很高兴看到通过这样的方法使我们的生活变得和谐、充实、丰富，成功克服空虚的心理。

（3）获得朋友的支持

当我们失意或徘徊的时候，特别需要有人给予力量和支持，予以理解，只有在获得很多人支持时，我们才不会感到空虚和寂寞。

（4）懂得适时放下

当某一种目标难以实现、受到阻碍时，我们不妨暂时放下，培养一下自己的业余爱好，使困扰的心平静下来。

当有了新乐趣后，就会产生新的追求，有了新的追求就会逐渐完成生活内容的调整，并从空虚状态中解脱出来，去迎接丰富多彩的生活。

（5）果断行动

要摆脱精神空虚就必须行动起来，虽然一开始会很难，不过我们可以慢慢来，做什么都没关系，可以从自己喜欢的和不得不做的事开始，比如听音乐、跳舞等。

这样，日子就会充实起来，虽然有时会觉得累，但日子充实，精神也会跟着充实起来，自然摆脱精神空虚了。

（6）改变懒散的习性

因为懒散，就不想有所追求，就会无所事事或不愿做事，就会胡思乱想，或者设法寻求消极的刺激，结果就会慢慢变得空虚起来。

因此，我们只有在生活中克服自己懒散的习性，逐渐养成勤劳的习惯，在劳作中忘却不必要的烦恼，消除不切实际的幻想，从中获得乐趣，才能克服自己的空虚心理。

3. 保持充实的方法

生活的充实要求我们充实地生活，而充实自己就是充实生活的方式。我们要适时改变，要有好的控制力，充实自己，充实生活。我们该如何才能让自己充实起来呢？

（1）确立目标

要有充实的生活，首先要给自己的生活定下目标计划，有理想有目标才会有动力，然后再有计划地一步步去实现它。围绕丰富物质生活与精神生活、进行体育锻炼及社会交往这四个方面去制订自己的计划。由此，我们的物质生活、精神生活、身体状况、社交能力都会达到一个较高的水平，我们的生活自然就丰富、充实了。

给自己定的目标要现实，首先要从小事做起，勉励自己努力去完成，然后一步步去计划大一点的目标。

比如说每天坚持早起，那么一定要克服睡懒觉的习惯，提醒自己早起对身体有益。那么你坚持下来后就会觉得小有成就，这样会给你下一个目标带来更多的动力。

（2）把握机会

每一天都是一个好机会，如何充分利用好每一个机会则完全取决于我们自己。每天必须确定一些必须要做的事情。简而言之，就每一个方面而言，挑选一至两个每天必做的工作。

（3）记录生活

在制定好各方面的各项任务之后，你所需要做的就是确保完成所有任务。所以我们的每一项任务都应该记录下来，这样你就可以知道自己是否完成任务了。

我们可以用一个笔记本、一份电子表格或者其他任何你需要的工具，记下你每一天完成的任务，并方便查看进度。这样一来，我们就很容易发现哪一方面的任务是自己经常忘记的，然后付出更多的努力去完成。

（4）善于阅读

读书是填补空虚的良方。读书能使我们从狭窄的经验天地奔向无限浩瀚的知识海洋，从中获得智慧、吸取力量，从而情绪高涨、精神饱满，使空虚的心灵不断得到充实。

读书可使我们解脱，读书越多，知识越丰富，生活也就越充实。

（5）勤奋工作

劳动是让我们摆脱空虚极好的措施。当我们集中精力、全身心地投入工作时，就会忘却空虚带来的痛苦与烦恼，并从工作中看到自身的社会价值，使人生充满希望。

（6）与人交往

与人交往能在相互启示、相互激励、相互帮助中让我们自己受到心灵的感染，使心灵充实。

当然我们交际的对象应该是有志向的，这样的人能对自己产生良性影响。如果我们交际的对象也是心理空虚的人，这样就只能使自己更加空虚，甚至造成不良的后果。

贴心小提示

作为男人的你对目前的生活满足吗？你的精神生活充实吗？我们很有必要通过某种方式测试一下，以便更好地了解自己现在是空虚还是充实。那现在就请你用是或否来坦率回答下面的问题吧！

是否不大和友人交往？

是否没什么特殊的爱好？

是否不大喜欢单位的领导和同事？

是否经常与其他家庭成员发生口角？

是否吃饭时不感到愉悦？

是否觉得工作很痛苦？

是否常常一有钱便购买想要的东西？

是否对将来并不怎么乐观？

是否无论干什么都高兴不起来？

是否不大希望受到别人的重视？

是否经常埋怨单位离家太远？

是否虽然生活不错，却不大快乐？

是否常常因钱少而感到不满？

是否常常想改变目前的工作？

是否认为各方面都不如意？

有一项不符合自己的计1分。

积分在6分以下，说明你的生活充实度严重不够，对生活和工作多有不满，难以感觉到生活的乐趣。但因态度坦诚，从而表明你具有改变生活、工作现状的愿望。有这种愿望还应认真分析不满的原因，并应积极想办法加以解决。

9分以上，表示你对生活工作现状满意，精神上较充实，往往生活态度乐观，充满热情。

但如果答题时不够诚实，则说明对生活、工作中的种种不满被隐瞒了起来，也许你没有改变这种现状的愿望，因此很难自我改善。

消除身心的疲劳与负累

当今社会，随着竞争的日渐激烈，我们的工作和生活节奏不断加快，工作和生活的无形压力也会悄然背负在心头。平时我们如不注意调整自己的心态，就会很容易产生身心疲劳感，即人们常说的活得太累。我们该如何面对这种情况呢？

1. 正确地看待"累"

有些人活得累，主要是因为上了欲望这艘"贼船"而又无法到达彼岸，因为我们心里无时不充斥着金钱欲、权欲等，而唯独忽略了一种叫快乐的东西，所以我们就活得累。

我们在童年无忧无虑，是因为没有束缚，没有压力。上学后便开始感受到压力了，成绩就是一把无形的剑，悬挂在头上。以后，便是上大学找工作人生转折点的巨大压力了。最后我们终于成家立业，又要为养儿育女、为一日三餐奔波。

如果你是个有责任心的人，活在世上，不管你是贫穷的还是富裕的，也不管你是一介布衣还是一方诸侯，都会有烦恼，有解不开的结，都会感到活得累。

我们的心理疲劳是一种带有主观体验性质的疲劳，并不完全是客观的心理指标的反映。

人们可能都有这样的体会，某天心情不好，上班时又被许多麻烦事搅得心烦意乱，做事没规则，东一下，西一下，什么事也办不成，一天下来，可能早已疲惫不堪。

而另外某天，我们心情很好，工作中也诸事顺心，干事情总是顺理成章，尽管忙得连饭都顾不上吃，但仍觉轻松愉快，毫无疲倦之感。这就清楚地表明了，我们的疲劳与情绪之间有着密切的内在联系。

我们太多的人将自己全部地交给了疲于奔命的人生之旅，心灵交给了那个不堪的工作，时时刻刻做着生存的奴隶，所以才会长时间挣扎焦虑。

我们花太多的时间来权衡自己的位置、车子、孩子，权衡我们过得不比别人幸福。所以就变得不快乐，也就有了身心之累。

2. 认识活得累的原因

现在社会上普遍存在的一种现象，人人都说自己活得太累，到底是什么原因让人们活得累呢？我们一起来探讨一下吧！

（1）神经累

我们大家都为了上班而上班，一天8小时的工作已经心力交瘁，还要面对社会上的各种压力。特别是一些社会窗口单位更要受到全社会各阶层的监督，例如教师，可能就会感到来自学生、家长、学校、社会的各种压力。

在压力下，我们的大脑皮层始终处于高度紧张状态，生怕一不小心触犯了哪条规章制度丢了工作。

（2）身体累

我们大多数年轻人没有多少资产，要想过上富裕生活就必须自己努力奋斗一番。于是一些人干完了第一职业又去找第二、第三职业，好像他浑身上下有使不完的劲，可到头来却累倒了，因为我们忘记了身体才是奋斗的本钱。

想一想，如果我们本钱都没了还怎么做生意？这种"今天拼命挣钱，明天花钱买命"的错误想法是不科学的，也是造成人们觉着活得累的重要原因之一。

（3）活得累

我们人的一生就如同一段劳累的旅行，累的根源在于难以满足的人的欲望。我们之所以感觉累，是因为我们的生活掺入了过多的攀比、虚荣、贪婪等外在因素。

朋友，放下该放下的吧！毕竟我们的双肩不能承担过重的压力。心底无私天地宽，放下心中的包袱轻装上阵，面对生活，一切都会好起来的，我们的明天会更美好！

3. 活得不累的方法

疲倦是我们人体对外界压力的自然反应，是健康状态已处在警戒线的信号，机体已经用红灯在警告我们了。例如，情绪紧张焦虑可导致我们出汗、心悸、呼吸急促，情感打击会使我们沮丧，劳心的工作会使人感到精疲力竭。这些不良情绪还会引起内分泌失调、中枢神经系统功能紊乱、能量过度耗损，以致使人无法正常地工作和生活。我们该如何解决这个问题呢？

（1）树立新观念

我们要学会树立人际关系的新观念，不要抱着传统的关系学不放。要记住，我们是新时代的人，我们要有自己的生活。

（2）保持乐观

遇到困难与挫折时，我们要尽量克服悲观失望的消极情绪，保持在逆境中生存的乐观情绪。

（3）转移注意力

不要对我们自己的内心感受太过敏感。例如，患有社交恐惧症的人，对自己与陌生人交往时出现的紧张、心跳、脸红、出汗等症状特别敏感，一到社交场合就拼命控制自己，生怕别人看出自己的窘态，结果把自己原本要谈的内容忘得一干二净。

（4）培养业余爱好

我们要多参加户外活动，不要一天到晚老想着自己的症状。许多神经症患者以前业余爱好很多，患病后整日愁眉不展，根本无心参加任何活动，这样更会造成恶性循环。

我们应该强迫自己参加一些文体活动，运动能使大脑产生抗抑郁的物质。

（5）增强自信

不以别人的评价作为我们自我评判的标准。有些人特别在意别人怎么看待自己，结果行动起来畏首畏尾，把自己搞得很紧张，总好像为别人活着似的。

例如，有的人害怕别人发现自己因紧张而脸红，其实，别人更注意你对他说什么，而不是脸色，再说，你又不是演员，目的是与人交往，而不是表演，所以，即使脸红也不要在乎。这样想开了，做起来也会轻松一些。

（6）知足常乐

如果你对自己要求过高，总不知足，当然很难感到愉快。人在许多时候都需要自我激励，对自己肯定一下。必要的自我满足是人生进步的基础。

当然，有些人觉得调整性格说起来容易，做到很难，毕竟江山易改，本性难移，这时就需要求助心理医生了。

贴心小提示

你是不是活得太累，你应该知道这样会给你带来多么大的伤害，现在看看以下几条建议吧！照着做，说不定你很快就会有好转！

摘掉强者的面具，如果有人认为你在生活中表现得像个"窝囊废"，估计你是最难以容忍的。可是你也许不知道，这样做可能会使你的寿命大大缩短。其实，承认你自己的平凡并不会损害你作为人的尊严，却有助于保持心态的平衡。

学会向人倾诉，在碰到困难时，你是不是会把问题压在心里，或者寻求一些精神刺激，如酗酒、纵情声色等。这样做于事无补，你要学会向父母、妻子和朋友倾诉。

1. 重新审视生活

你要是认为自己若失去工作，就没脸在社会上立足，无形中就给自己造成了压力。其实，生活可以有很多选择，你完全不必要为这些莫须有的事情担心。

2. 学会放弃

在现实社会中，衡量人成功与否的一般标准是事业是否成功。但是，这并不是说你时刻都要按这样的标准去做。生病时暂时脱离岗位放松身心；孩子大了，该放手时就放手，放弃并不意味着你多么无能。

3. 保持家庭和睦

生活中能给我们以最有力支持的通常是你的配偶。家庭关系不和睦往往会使男人处于内外交困之中，对健康的影响是不言而喻的。

4. 让身体保持最佳状态

很多人通常不大注意自我保健，即使有了病痛，也用自我安慰的方式麻痹自己。专家认为，身体不适时及早去医院检查，是保持健康的最佳途径。

从灵魂深处戒掉烟瘾

烟瘾也叫尼古丁上瘾症或尼古丁依赖症，是指长期吸烟的人对烟草中所含主要物质尼古丁产生上瘾的症状，也就是我们对烟产生的依赖感。自20世纪50年代以来，科学家们通过统计资料，已经发现长期吸烟可导致肺癌等多种疾病，所以为了自己和他人的健康，有吸烟嗜好的男人必须想办法戒掉烟瘾。

1. 男人抽烟的缘由

在青年男人的思维里，似乎抽烟是一个成熟的标志。所以我们相当一部分青年男人都把吞云吐雾当作了一种很酷的姿态。

我们在路上遇见美女，叼着烟打个口哨，或者在朦胧的夜色下，把烟头准确弹入两米开外的垃圾桶，亦是一种青年男人们认为得意的样子。他们觉得抽烟很酷，很能吸引女人的视线。

抽烟的原因更多。一方面苦闷无聊的时候我们可以借抽烟打发时间，缓解情绪。我们每个人的人生都会有磕磕绊绊，难免遇到困难。当遇事感到为难时，或有不愉快的感觉时，认为吸烟可以帮助我们排忧解难。

当我们乘长途车、等车、等人，尤其是一个人独处时，便会觉得心中空荡荡的。而吸上一支烟，看着逐渐飘逝的烟雾，心中顿觉充实了许多，仿佛有了一个知音在身边陪伴。

当我们该入睡时，却总不能平静兴奋的心情，这时吸上一支烟，会使心情渐渐平静下来，安然入睡。

许多人在焦躁不安时总爱点上一支烟，烟可以起到镇静剂的作用。所以有的人平常并不吸烟，只是在心绪不宁时才点上一支。

虽然有时我们借吸烟来深入思考，甚至进行重大抉择，但多数情况下是让我们的身心得到放松。

另一方面，抽烟已经是我们的一种习惯，如果食指和中指之间不夹点东西，口腔里没有那种烟雾缭绕的感觉，我们会觉得不舒服、不自在。

还有在我们男人的交往应酬中，一起抽烟就像女人结伴逛街那样，是一种默契和认同。无论是什么场合，烟在某种意义上是男人之间交往的桥梁。

2. 认清吸烟的危害

众所周知，吸烟对健康十分有害。香烟燃烧时所产生的烟雾中至少含有2000多种有害成分，如一氧化碳、尼古丁等生物碱、胺类、腈类、醇类、酚类、烷烃、烯烃、羰基化合物、氮氧化物、多环芳烃、杂环族化合物、重金属元素、有机农药等。

抽烟是一种不健康的生活习惯，抽烟对人体的危害有很多，让我们看看究竟有多少危害吧！

（1）危害脑部

吸烟会导致多种脑部疾病，会减少循环脑部之氧气及血液，引起脑部血管出血及闭塞，而导致麻痹、智力衰退及中风。吸烟能导致我们的脑部血管痉挛，使血液比较容易凝结。吸烟者中风概率较非吸烟人士高出两倍。

（2）危害喉部

吸烟可导致我们患喉癌的概率大大增加，喉癌患者以我们男性烟民居多。

（3）危害心血管

吸烟会使我们的脂肪积聚、血管闭塞，让我们容易患冠状动脉心脏病。吸烟令我们的心血管收缩，减慢血液及氧分循环，最终导致血管壁变厚，诱发冠心病及中风。吸烟会令手脚血液受阻，严重时还可能造成截肢。

（4）危害肺部

吸烟会引致肺癌的发生，如果一个人每天吸10支烟，其患病率是非吸烟人士之10倍。被破坏的细胞不能恢复正常。由吸烟造成的初期病症我们往往不会察觉，直至癌性细胞漫延至血管及其他器官。

吸烟亦会导致肺气肿的发生，肺部支气管内积聚之有毒物质，会阻碍人体吸入的空气正常呼出，使肺部细胞膨胀或爆裂，导致患病者呼吸困难。

（5）危害胃部

如果我们患有肠胃性疾病，吸烟会使肠胃病恶化。如果是胃溃疡或十二指肠溃疡患者，溃疡处的愈合会减慢，甚至演变为慢性病。

吸烟会刺激我们的神经系统，加速唾液及胃液的分泌，使胃肠时常出现紧张状态，导致我们食欲不振。另外，尼古丁会使胃肠黏膜的血管收缩，亦令食欲减退。

另外，吸烟还会对我们的骨骼、肝脏、肠、眼部、生殖系统等产生不同程度的危害。

3. 强化戒烟意识

我们可以通过改变工作环境及与吸烟有关的老习惯，让自己主动不再吸烟。

（1）寻找替代办法

我们可以做一些技巧游戏，使两只手不闲着，通过刷牙使口腔里产生一种不想吸烟的味道，或者通过令人兴奋的谈话转移注意力。如果你喜欢每天早晨喝完咖啡后抽一支烟，那么你把每天早晨喝咖啡变成喝茶。

（2）公开戒烟

我们可以公开戒烟，并争取得到朋友和同事们的支持，这样我们再想抽烟的时候，无疑会自觉进行克制。

（3）少参加聚会

我们刚开始戒烟时要避免受到引诱，如果有朋友邀请你参加聚会，而参加聚会的人都吸烟，那么至少在戒烟初期应婉言拒绝参加此类聚会，直至自己觉得没有烟瘾为止。

（4）经常运动

经常运动会帮助我们，冲淡烟瘾，体育运动会使紧张不安的神经镇静下来，并且会消耗热量。

（5）扔掉吸烟用具

烟灰缸、打火机和香烟都会对戒烟者产生刺激，应该把它们统统扔掉。

（6）转移注意力

尤其是在戒烟初期，我们要多从事一些会带来乐趣的活动，以便转移吸烟的注意力，晚上不要像往常那样在电视机前度过，可以听激光唱片、上网冲浪或与朋友通电话等。

贴心小提示

如果你真的无法戒烟，你至少可做到以下几点，以减少对健康的危害。

选用低焦油牌子的香烟。

少吸几支烟。

每支烟少抽几口，只抽一半就丢掉。

不抽的时候，不要将烟叼在嘴上。

尽可能别将烟雾吞入肺里。

在改抽雪茄及烟斗时要特别注意，如果你真的改抽雪茄或烟斗，尽可能别将烟雾吸入肺部。

注意节制而不酗酒

饮酒弊多利少，酗酒则是有百害而无一益。一般而言，如果我们过度摄入酒精，会使人自制能力下降，判断能力失常，造成失智、失言、失态、失节，甚至行为失控，由此很容易造成恶果。

1. 了解酗酒的原因

我们有些人仅在社交场合饮酒,不会上瘾,有些人却会成为酗酒者,酗酒的习惯不是一天两天就形成的,那是长期酗酒的结果。养成长期酗酒习惯的原因是什么呢?

(1) 基因因素

基因可能是导致我们酗酒的一个重要因素。我们嗜好饮酒者常常具有家族性,家族中曾有酒精中毒者,其他成员也易发生酒精中毒,并且发生得早而严重。研究表明,酗酒者的孩子成为酗酒者的可能性是正常人的四倍。

(2) 生理因素

在生理方面,酒精会改变我们大脑内化学物质的平衡,导致我们的人体渴望酒精,以恢复愉悦的感觉。

(3) 社会因素

社会因素是导致酗酒的重要原因,如压力、广告和环境等。我们开始喝酒的原因往往是效仿朋友,电视上播放的酒的广告也往往将喝酒表现为迷人、愉快的消遣活动。

(4) 生意需要

不知缘于何时,我们有了一个不成文的规定,洽谈生意都要在餐桌上谈,从而也就离不了烟酒。长期陪客谈生意,则可能慢慢养成嗜酒的习惯。

(5) 心理因素

我们许多人因生活枯燥、精神空虚,或感到前途悲观、渺茫,于是常常借酒消愁,以减轻苦恼,即所谓的"一醉解千愁"。

2. **认清酗酒的危害**

几杯酒下肚,你可能有一些自信满满、飘飘欲仙的感觉。遗憾的是这些都是幻觉。酗酒主要有以下几个方面的危害:

(1) 危害肾脏

酒精进入我们人体后,会抑制抗利尿激素的产生。我们身体缺乏该激素,会抑制肾脏对水分的重新吸收。所以饮酒者会老往厕所跑,身体水分大量流失后,体液的电解质平衡被打破,恶心、眩晕、头痛症状相继出现。

(2) 危害肠胃

酒精会使我们的胃黏膜分泌过量的胃酸。大量饮酒后,胃黏膜上皮细胞受损,诱发黏膜水肿、出血,甚至溃疡、糜烂。严重的会出现胃出血。

(3) 危害胰腺

酒精可通过多条途径诱发我们得急性胰腺炎。如酒精刺激胃壁细胞分泌盐酸,继而影响十二指肠内胰泌素和促胰酶素的正常分泌,最终使得胰腺分泌亢进。

(4) 危害大脑

酒精会损伤我们的脑细胞。饮酒6分钟后,脑细胞开始受到破坏。长期酗酒者的记忆力会越来越差。

(5) 危害心脏

酒精可诱发我们患心肌炎。酗酒的人,心肌细胞会发生肿胀、坏死等一系列炎症反应。在酒精的作用下,心率加快,心脏耗氧量剧增,心肌因疲劳而受损。

(6) 危害骨骼

酒精和骨质疏松症联系在一起,是因为酗酒导致身体养分的加速流失,这也就意味着我们的骨质正在流失。

(7) 使血压升高

只要喝得稍微比平时多一点,甚至那么有限的几杯都有可能升高你的血压水平。如果你经常性大量酗酒,那么你的血压会一直很高,直至你戒酒之后才有可能恢复正常。

（8）出现烧心症状

酒精是酸性的，因此大量饮酒可能会使胸部和嗓子有恶心的灼烧感觉，不好下咽东西，甚至引起反胃或者反酸。

（9）硬化肝脏

也被称作肝硬化，当你的肝细胞死亡后，肝脏组织开始结成硬痂，然后肝脏逐渐硬化，这是长期酗酒的后果。另外，我们酒醉后非常容易发生工伤事故和交通事故，造成严重后果。

3．戒除酗酒的方法

如果我们男人能够适量饮酒，可以减轻疲劳，忘却烦恼，心情舒畅，增加社交活动和节日中的欢聚喜庆气氛。但是，过量饮酒，以致饮酒成瘾，不仅危及自己的健康和家庭的幸福，对社会也会造成种种危害。

要彻底戒除酒瘾，关键是当事人必须真正认识到过量饮酒的危害性，并决心戒酒。我们平时该如何克服酗酒的毛病呢？

（1）从现在做起

如果你对酒精尚未达到依赖程度，那么从现在开始给自己规定每天最多喝多少。随着酒精摄入量减少，肝脏就会恢复到正常状态。同时，尽管我们无法让死去的脑神经细胞复活，只要没有大量酒精刺激，大脑的记忆功能就会渐渐恢复。

（2）认识疗法结合厌恶疗法

我们男人必须先在思想深处认识到过量饮酒的危害，并在纸上一一列出，最好再用漫画的形式直观生动地表现出来。

比如我们可以画这么几张画：第一张画一个男人在喝酒，一只手摸着隆起的腹部，旁边写着：过量饮酒，肝要硬化；第二张画一个男子手握酒瓶，和妻子对骂，小孩坐在地上号啕大哭，旁边注明：丈夫酗酒，家庭不和；第三张可画上一个男人醉酒后躺在地上，旁人投来嘲笑和轻蔑的目光，旁边写明：酒鬼无人敬。

当我们的饮酒意念十分强烈时，就把这些画取出来看看，逐渐就会建立起对酒的厌恶情绪。

（3）系统脱敏法结合奖励强化法

不要求我们男人一下子就改掉酗酒的不良习惯，而是每天逐渐地减少饮酒量。

在戒酒的过程中，若我们完成了当天应减少的指标，自己或亲人应给予一些小奖励，以巩固和强化所取得的成果。

为避免心理上若有所失的难熬感觉，戒酒者应积极做一些有趣的事情，用新的满足感的获得来抵消旧的满足感的失去。

（4）群体心理疗法

这种疗法是充分发挥群体对我们个人的心理功能来治疗心理疾病的技术和措施，效果也非常好。具体做法就是让我们已有酒瘾但尚未患病的人与患病之后获愈的人组织起来，定期进行戒酒的集体经验交流，商讨有关可行的办法。

贴心小提示

如果作为男人的你觉得自己喝酒过量，没人能够强迫你减少酒精摄入，唯一能对自己负责的是你自己，试试下面的方法吧！

1. 改变你的生活方式

找出你最想喝酒时是在什么时候、什么地方。周末下班后跟朋友一起去酒吧，如果你能知道自己是被怂恿去的，就该考虑避开了。尝试改变，尽量比平时晚一些去，把喝酒的时间减到最少，或者先喝点软饮料防止自己太过渴望喝酒。

2. 以正当的理由喝酒

将喝酒与庆祝会等大事联系在一起，而不是在逃避问题或者提高信心的时候喝酒。或者把酒当作其他活动的一部分，而不是仅仅因为想喝酒而喝酒。

3. 减少喝酒

酗酒是危险的，因为身体每小时只能消耗一单位酒精。你喝得越急，影响就会越大。如果觉得很难停止喝酒，试着降低喝酒的频率。如果酒不是每时每刻都在你手上，你就没那么想喝了。

4. 学习新技巧

如果在酒吧里，你手里有杯酒，试着多说话。让嘴巴尽量少沾到酒，那么喝醉的可能就会减少。或者找些吃的，但要注意不要吃含盐的点心，因为这会让你觉得口渴。

5. 短时间停酒

如果你不想完全戒酒，那么可以在短时间内不喝酒。可能一周或一月，暂时不接触酒精，可防止你脑海里产生喝酒的想法。长期坚持下去，那么你喝酒的可能性就越来越小了。

坚决根除赌博的恶习

赌博是指用钱物做赌注以比输赢的一种不正当的娱乐活动。沉迷于赌博的人，极容易惹上债务。债台高筑，负债累累，不仅破坏人际关系，还会破坏家庭，严重的甚至导致违法犯罪行为，后果是不堪设想的。

1. 关于赌博心理的分析

赌博成瘾,特别是心理成瘾,是一些男人堕落的重要原因。这种对赌博活动的渴求,既是我们一种强烈的内心活动,也是一种慢性病态,它强烈地驱使参赌者对赌博产生强烈渴求感,反复从事赌博活动。

特别是网络赌博更容易让人沉迷其中,那么,赌博的人是怎样一步步地陷入赌博的泥淖呢?

(1) 好奇心

所有赌徒最初对赌博大多是凑热闹似地围观,在观望中使自己的好奇心和寻求刺激的欲望得到满足。

随着他对赌博规则的熟悉,加上对自己的能力和运气的自信,逐渐滋生出跃跃欲试、亲自体验的冲动,在别人的怂恿和"凑角儿"的召唤下,便半推半就地参与其中,迈出了赌博的第一步。

虽然所有走了第一步的人不一定都会成为赌徒,但所有赌徒都是从第一步开始的。要避免成为赌徒,关键在于把握自己不开戒,不要参与。

(2) 贪恋钱财

赌博与钱和利是分不开的,一些男人抱着想赢钱、多赢钱的心态参赌。一旦赌赢了,参赌者在贪婪欲望支配下收手的情况不多,多数是恋战,以致越赌劲越大。

(3) 赌输翻本

参赌者如果赌输了,是决不会甘心的,在侥幸取胜心理的支配下,一意孤行地想翻本。翻本如果成功了,多数参赌者此时会想:"现在运气好,何不乘机大捞一把?"于是由翻本挽回损失变成贪财,想赢和想多赢。

如果失败了,他们随着理智感和自控力再次被削弱,不顾一切地想继续翻本,如此恶性循环,最终走向深渊,难以自拔。

（4）赌瘾发作

当赌博给我们自己、家人带来莫大痛苦、伤害和羞辱时，当面临人们善意的规劝和有力的帮教时，有的参赌者也会表现出真诚的悔恨，责任感和良知得到一定程度的恢复，因而痛下决心戒赌。

但是如果这时得不到家人朋友的有力支持，或者自我内心不能克制，会在绝望之余放纵自己，破罐子破摔，加速堕落的步伐。赌瘾如同毒瘾一样，戒了之后，再次参赌，则瘾更大，会陷得更深。

（5）理智丧失

在赌瘾和贪婪欲望的驱使下，参赌者理智丧失殆尽，自控力严重削弱，有的甚至人性全无，不顾一切地在赌场上搏杀，完全到了不能自拔、不可救药的境地。

2. 认清赌博的危害

有的男人认为，赌博只是一种娱乐而已，大多数人都可以享受赌博的乐趣，不会出什么问题。这种认识是极其错误的。赌博有哪些重要的危害呢？

（1）伤性命

赌博成瘾的一些男人往往不分昼夜，不顾饥寒，不断消耗，疲惫精神。长此以往，控制不住而呈病态赌博，必定会损害我们的健康，甚至自杀、杀人。

赌博时高度紧张，赢钱了就会强烈兴奋、情绪激动，输钱了就会心烦意乱、脾气粗暴，情绪反差极大。长此以往会引起神经系统和心脑血管系统疾病，也容易诱发脑出血和心脏骤停而危及生命。

（2）生贪欲

赌博容易使人产生贪欲，也会使人的人生观、价值观发生扭曲，使人妄想不劳而获。

（3）离骨肉

赌博让人忘记了勤奋工作，忘记了父母妻子互相疼爱，失去了天伦之乐，只顾自己的豪爽，不顾家人的怨气，致使骨肉分离、妻离子散。

特别是赌博为各种刑事犯罪活动提供了温床，常常是赢了钱，就要腐化、堕落；输了钱，就要打架斗殴、偷窃、诈骗、贪污。这样使家庭不和以致夫妻离婚，家庭破裂。

（4）坏心术

一旦赌博，心中千方百计地在想要赢对方的钱财，虽然是至亲至朋对局赌博，也必定暗下戈矛，如同仇敌，只顾自己赢钱，哪管他人破产。

（5）丧品行

在赌场之中，人变得只是问钱少钱多，易产生好逸恶劳、尔虞我诈、投机侥幸等不良的心理品质。

（6）费资财

开始赌博时，气势豪壮，挥金如土，面不改色，到后来输多了因而情急，就把家庭财产甚至集体财产、国家财产作为赌注，必然害人害己。

（7）耗时间

赌博会浪费大量的时间，有的通宵达旦，以至于严重影响学习、工作、生活，玩物丧志。

（8）毁前程

法律禁止赌博，赌博违反法律法规。违法会受处罚，也将毁掉我们的前程。

总之，赌博恶习的存在，是犯罪现象的又一诱因。我们每一个人都应自觉地抵制赌博。

3. 戒除赌博的方法

赌博是我们一些男人的一种习惯性行为，戒赌并不容易，但如果你有坚定的意志，则可以克服赌博。我们平时该如何对自己的赌博心理进行自我控制呢？

（1）自我克制

首先我们要避免出席任何赌博场合，努力打消赌博的念头。

（2）制定限额

如果我们实在不能克制，那就定一个限额，无论你正在赢钱或输钱，只要赌款达到所定的限额，便立即停止赌博。

（3）不在手里留钱

我们要严格控制自己现金的流转，限制现金的供应，如制定从银行提款的限额，对手头的现金进行适当分配，不留下过多的钱进行赌博活动。

（4）时时自省

我们出现赌博欲望的时候，要及时提醒自己，并把可能出现的后果写出来，时刻警示自己。

（5）转移疗法

我们尽量让自己有事可做、心中有期盼，忙个不停，不至于无所事事只想赌博。

（6）警示疗法

我们可以效仿古人"头悬梁、锥刺股"，在家里处处贴满"戒赌"字画，时时警醒自己。

（7）学会释放

控制精神压力，定时做运动，学习松弛的技巧，或进行休闲活动，听听音乐，与朋友聊天，可以借此驱走我们心中的闷气，舒缓紧张的情绪。

（8）记录心理

养成记录的习惯，写日记可助你了解自己的赌博行为，找出赌博的倾向和模式进行反省。例如，你可能发现，每当你感到苦闷或失落、手上持有现金，或当你需要用钱时，便会赌博。这些记录可以帮助你找出抑制赌博的有效方法。

（9）向人倾诉

倘若你想找人倾诉你的赌博问题，但又不习惯面对面或不愿向你认识的人倾诉，你可以通过电话，向心理医生和社会学家倾诉你的感受，或商讨赌博问题。

我们现在好好想一想，自己是否已成为病态赌徒，如果我们不能确定，那不妨问自己以下10个问题，相信你很快就会知道自己现在的心理状态了！

贴心小提示

你曾否赌博的时间比你预先估计的长？

你曾否因赌博而身无分文？

你曾否因赌博而失眠？

你曾否因把薪金及储蓄用于赌博而不能付清账单？

你曾否尝试过戒赌而不成功？

你曾否考虑为得到赌本而不惜犯法？

你曾否向人借钱以筹措赌本？

你曾否因赌博输钱而忧甚至产生自杀的想法？

你曾否在赌博后感到后悔？

你曾否用赌博去解决经济问题？

你的答案是什么？若你有3个以上答案是"是"的话，请小心，你有可能有赌博的心理！现在就想办法戒掉吧！

坚决避免沾染毒品

毒品是鸦片、海洛因、大麻和可卡因等能使人形成癖瘾的麻醉药品和精神药品，不包括烟草、酒类、安定类、安眠药及其他兴奋剂、止痛剂中的成瘾物质。

毒品是诱发犯罪的因素之一。为了我们的生活，为了社会的安定，我们务必要珍爱生活，远离毒品。

1. 了解吸毒的原因

毒品危害如此之烈，为什么很多男人还会吸食呢？吸毒的原因是复杂的、多种多样的，有社会的原因，自身的原因，也有生理的、心理的等诸多原因。具体来说，究竟有哪些原因呢？

（1）好奇心理驱使

吸毒的原因中，"体会感觉""抽着玩玩""试一试""尝新鲜"等念头占了第一位。特别是我们青少年好奇心重，缺乏必要的文化科学知识和辨别是非的能力，当听说吸毒后"其乐无穷"便想试一试，从而一发不可收拾，被毒魔死死缠住不能自拔。

（2）个人交友不慎

交友在我们的人生道路上有着非常重要的作用。交上一个好的朋友，可以对我们的工作和生活产生良好的影响；交上一个坏朋友，可能会影响我们的前途，使自己一生黯淡无光。我们很多人就是因为交友不慎而走上吸毒歧途的。

（3）精神空虚所致

我们每一个人都会受到许多外在因素的影响，特别是青少年最易受外界影响，一旦遇到生活困难、人际冲突、升学受挫等挫折，就会灰心丧气、精神颓废、心灵空虚。为了填补空虚的心灵，便去寻找各种刺激，而毒品就是一种可以在短暂时间内给人以强刺激的物品，因此，人在精神空虚时往往会染上毒品，试图在毒品中寻找安慰，忘却烦恼。

（4）寻找刺激

许多人认为吸毒时髦、气派，特别是一些先富起来的个体老板，认为该享受的全体验过了，抽一口，不枉来一世。可这一抽上，富有很快变成贫穷，百万富翁沦为乞丐的数不胜数。

（5）被欺骗

不少吸毒者是在毫不知情的情况下被欺骗吸毒，吸几次后便无法自拔。不少毒贩为扩大毒网，经常利用我们青年学生的无知多方引诱。

2. 毒瘾的危害

吸毒一旦成瘾，会对我们的身心带来极大的伤害，进而还会触犯法律，危害家庭、社会。具体来说，吸毒有哪些危害呢？

（1）生理依赖性

毒品作用于我们人体，使人体体能产生适应性改变，形成在药物作用下的新的平衡状态。一旦停掉药物，生理功能就会发生紊乱，出现一系列严重反应，使人感到非常痛苦。

（2）精神依赖性

毒品进入我们人体后作用于人的神经系统，使吸毒者出现一种渴求用药的强烈欲望，驱使吸毒者不顾一切地寻求和使用毒品。

我们一旦出现精神依赖后，即使经过脱毒治疗，在急性期戒断反应基本控制后，要完全康复原有生理机能往往需要数月甚至数年时间。

（3）危害人体

在我们正常人的脑内和体内一些器官，存在着内源性阿片肽和阿片受体。在正常情况下，内源性阿片肽作用于阿片受体，调节着人的情绪和行为。

人在吸食海洛因后，抑制了内源性阿片肽的生成，逐渐形成在海洛因作用下的平衡状态，一旦停用就会出现不安、焦虑、忽冷忽热、起鸡皮疙瘩、流泪、流涕、出汗、恶心、呕吐、腹痛、腹泻等。

冰毒和摇头丸等毒品在药理作用上属中枢兴奋药，会毁坏人的神经中枢。

（4）危害家庭

男人一旦开始吸毒，家便不再为家了。吸毒者在自我毁灭的同时，也会破坏自己的家庭，使家庭陷入经济破产、亲属离散，甚至家破人亡的境地。

（5）危害社会

吸毒者首先导致自己身体疾病，影响工作，其次造成社会财富的巨大损失和浪费。

总之，吸毒害人害己，远离毒品，保护人类是我们每一个人的责任。

3. 戒掉毒瘾的方法

吸毒人员既是违法者又是受害者。矫正吸毒人员的自卑心理要坚持"尊重、理解、关心"的原则，因人而异、对症下药，把心理疏导和培养自信有机地结合起来，注重自我、注重点滴，循序渐进地使吸毒人员从自卑心理阴影中走出来。

（1）认清毒瘾

我们一定要深深懂得吸毒摧残身心，危害社会、家庭，害人害己。我们一定要知道毒瘾难戒，要在思想上有充分的心理准备，要消除戒不了的悲观想法，对戒毒应持务实的态度。既不要过于乐观又不要一味自卑而对戒毒悲观失望。

（2）自我激励

如果我们在戒毒过程中有了积极表现，哪怕是十分细微的进步，都要激励一下自己，比如我们可以在自己的日记本上给自己画一面小红旗，写上我们又攻克了一个阵地，然后立即再给自己提出新的要求，争取有更大的进步，这样我们就会有更大的信心，最终才能克服毒瘾。

（3）确定目标

我们可以制定一个切实可行的目标，在制定目标时，一定要结合自身实际情况，制定自己能够完成的目标。这样我们才会真正认识到毒品的危害，树立戒除毒瘾的决心，鼓起戒毒的勇气。

（4）克服自卑

吸毒人员的自卑心理主要来自心理方面的压力，心理方面的压力越大，自卑心理也越强。

吸毒人员除了实现戒除毒瘾的目标外，可能会关心自己是否被亲戚朋友遗弃，被社会歧视，以前的工作是否能找回，还能不能像正常人一样重新生活等。

这些心理虽然是正常的，但是会给我们带来不必要的压力和自卑，因此，我们一定要学会自我减压，坚信只要自己戒毒成功，一切都会好起来，即使不能完全恢复自己原来所有的一切，只要自己戒毒成功，也比让毒瘾控制自己好上百倍。

贴心小提示

有的人可能现在已经不吸毒了，但是还会经常想吸毒，这就是所谓的想瘾。想瘾是成瘾过程中的自然产物，在躯体使用戒毒药品戒毒成功依赖消除以后通常仍会持续存在。下面介绍一些克服想瘾的方法。

通过坚强的支持和好的计划，让自己逐渐暴露在想瘾的情景之中，不让自己获得快感，缓慢脱敏，就能减弱或是克服想瘾。这种扑灭想瘾触发点的过程就称为摆脱想瘾。

一些旧的触发点很容易处理和应付，如戒毒者在几年后第一次返家后碰到的老邻居等，这些触发点即便是在你戒毒数年后仍然强烈。对此应谨慎小心，必须改变你的生活方式，要获得支持和结交新的朋友，应当学会放松自己，使自己开心，成熟起来，只有这样才有可能减少想瘾，降低在戒毒康复过程中的危险度。

第二章　高标做事的心理掌控

　　高标做事是一种效率、一种质量，更是一门艺术、一门学问。我们男人不管有多聪明和多能干，或背景条件有多好，如果不懂得如何做事，那么最终的结局肯定是失败。可以说，心态创造一切。要想成功做事绝对离不开良好的心理掌控。

将犹豫心理转化为果断

果断是一种气质，一种心理，一种意境。果断让人感觉希望明朗，能给人更多的安全感，让人捕捉更多成功的机会。

果断能够让我们得到信心，信心能够让我们得到力量。我们一定不要犹豫不定，行动是治愈恐惧的良药，犹豫、拖延会不断滋养恐惧。如果我们做事的时候经常瞻前顾后，犹豫不决，那就会寸步难行，从而错失良机。

1. 认识犹豫与果断

计谋之成，决心之下，速度之快，能使智者来不及进行谋划，勇者来不及发怒。我们只有达到这样的果断，才能稳操胜券。

习惯犹豫的人，会对自己失去信心，所以在比较重要的事情面前没有决断。

有些人的优柔寡断简直到了无可救药的地步，不敢决定任何事情，不敢担负任何责任。之所以这样，是因为他们不敢肯定事情的结果是什么样的。

由于对自己的决断很怀疑，不敢相信自己有解决重要事情的能力。因为犹豫不决,很多人使自己很多美好的想法归于破灭。

时光易逝,时机易失。如果我们还在犹豫中摇摆不定,那我们就是正在失去美好的东西,正在向失败的边缘滑去。兵贵神速,赶快行动,花开堪折直须折,莫待无花空折枝。

无数战例和成功的人士都证明了这一点,拿破仑在滑铁卢战役中犹豫了5分钟,结果战败,被送到了圣赫勒拿岛上,这有力地说明了成在果断、败在犹豫这个战争法则。

上兵伐谋,无谋必败,无决心也一定必败,所以说,无论你有多聪明的脑子,但如果你没有果断的决心,是不会取得任何成绩的。

打仗是这样,做其他任何事也都是这样,如果我们过于优柔寡断,是办不了任何事的。一个人怕这怕那,不敢决定事情,不敢担负应负的责任,消极等待是不会出现好的结果的,机会就会在你的犹豫等待中消失,你的前途也会在犹豫等待中丧失。

2. 克服犹豫不决

很多时候我们总因犹豫不决而苦恼不已。稍不留神,这又将成为一个恶性循环。犹豫不决,往往因为缺乏自信和习惯性担心某些潜在的问题。要克服犹豫不决,就要相信自己的直觉,很多时候,如何做事比做什么事更重要。

(1)认清选择

有时我们总认为做出正确的选择是相当重要的,因为总觉得选择必定有对和错之分。

然而,这是一个误解。选择永远只是幸福的条件,而不是幸福本身。选择虽然不同,但幸福的感觉永远是相同的。

如果一味地担心自己的抉择是否正确,那么即使是做出了所谓正确的选择，我们也是无法享受生活的，我们会在悔恨中失去自己的幸福。

有一个人一直后悔在21岁时的一个决定，因为当时他没有找一份稳定的工作。在以后的15年里他一直自责，从而让自己一直处在痛苦之中。

其实这是个错误的想法，这个人太看重自己的选择了，当初的选择并没有他想象中那么重要。不用为做完美的选择而忧虑，只需保持最佳的心态面对就可以。

（2）培养自信

缺乏自信，怀疑自己的能力，往往会让人犹豫不决。或许，想做一项运动的裁判，但是却很怀疑自己能否做好。心中犹豫不定，该不该去竞争呢？不要怀疑自己。

应该相信直觉，比起心中承认的必定比失去的少得多。若能忽视不必要的忧虑，不必担心是否值得付诸实践，就很容易做出新的选择。

只要我们能够增强自信心，就能在重大问题上选择不犹豫，做出快速、正确的判断，加以选择，就能改善甚至改变自己犹豫的性格。

（3）走自己的路

我们很多时候，过于关注别人的评价。选择时，总会担心别人对此会怎样想，这是很错误的。

我们可以听取他人的意见，但是，如果真的感觉自己的选择是正确的，那么就该去做。不要太看重他人的意见，毕竟，生活是你自己的，不是别人的。

（4）和朋友谈谈

有时候，犹豫不决如同向下的螺旋缠绕在我们的脑海里，挥之不去。出现这种情况时，我们最好找个自己信任的朋友讨论一下，当然不必让朋友替自己做决定。

但是我们一定要记住，我们只是与朋友讨论一下，只是想有助于澄清问题，能从一个较好的角度去看问题，这样也更容易进行选择，而不是让自己变得犹豫不决。

（5）分辨轻重

人生短暂，很多事情没有时间去做。因此对家庭、人际、内心世界、运动等都要有一个很清晰的轻重认识，排排次序是很重要的。面临抉择，就能很快地选择重中之重了。

或许，你的老板想要你加班，而且补助也不错，但是你很清楚你最看重的是跟家人在一起的时间，那么就会很轻松地立即拒绝了。世界上没有万全之策。不要期望可以为自己的事业奉献一切的同时又可以和家人共享美好时光。

3. 做事要果断

主意不坚和优柔寡断，对于我们来说，实在是一个致命的缺陷。有这种弱点的人，就不可能有坚强的毅力。那么我们平时如何做到果断呢？

（1）发挥强项

一个能力极弱的人肯定难以打开人生局面，成大事者在自己要做的事情上充分施展才智，一步一步地拓宽成功之路。

（2）立即行动

有些男人是"语言的巨人，行动的矮子"，所以不会有任何成就。成大事者是靠行动来落实自己的人生计划的。

（3）善于交往

如果不懂得交往，必然不会借助人际关系的力量。成大事者的特点之一是：善于借力，借他人之力去营造成功的局势，从而能把一件件难以办成的事办成，实现自己人生的规划。

（4）重新规划

成功只是一个过程，成大事者懂得从小到大的艰辛过程，所以在实现了一个小成功之后，能继续拆开一个个人生的"密封袋"。

（5）知己知彼

如果我们能够全面地看待他人和自己，就会感觉自己没那么差，不必在乎他人的看法或想法。其实他人的看法或想法往往存在片面性。

我们要多学习别人的工作经验，学习别人的长处，观察他们的不足，在这方面下功夫，我们就能胜过他们。我们要打起精神努力奋斗。相信自己一定能战胜困难，多给自己一些鼓励，从而振作精神，好好奋斗。

（6）敢想敢干

良机已经出现，我们还在犹豫等待什么呢？还不赶快出击！果断的错误胜过犹豫的正确，把我们的眼光放得远些，做一些别人没做过的事情。

我们要有自信心，从心灵上确认自己能行，自己给自己鼓劲。只要有心理准备，我们就不会因为一点点困难而退缩，就能充满信心、完成任务。

贴心小提示

犹豫可以说是我们每一个男人每天都会面对的问题，只不过是程度不同而已。许多男人由于不善于克服犹豫、果断处事，从而经常丧失良机。下面是一些忠告，只要你能够认真实践，就能够变得果断起来，那时你的生活必将更加精彩！

尽可能地让生活有规律。

注意你的外表。

在犹豫的时候，仍然不放弃自己的计划。

不要压抑自己的情绪，尤其是愤怒。

每天都学习一些新的东西。

迎接一切挑战。

不要谈论你在某个特殊时期遇见的问题。

宽容待人，即使是件小事情。

尽量以不同的方式对待不同的人。

在能力方面，尽量发挥你的长处。

记下生命中的美好回忆。

尝试做一些从来没有做过的事情。

尝试与富有活力又充满朝气的人相处。

不要让他人左右你的思想。

一旦做了就不要逃避，为自己的行为负责。

将急躁情绪转变为耐心

急躁的人缺乏沉稳、心境浮躁、办事不踏实，并且容易动怒，不善于控制自己的情绪。这种心理对人生发展的负面影响是很大的。

英国生物学家达尔文说过："人要是不能很好地控制自己，而为一些细小的事情急躁发脾气，就等于在人类进步的阶梯上倒退了一步。"的确，急躁是最容易使人失去理智的。如果你是一个急躁的人，那么就该给自己敲敲警钟，多多反省了。

1. 认识急躁与耐心

遇事急躁，缺乏耐心，沉不住气，这是我们的一种不良的情绪。这种毛病在我们男性朋友中较为常见。

急躁心理，是当我们很想实现某个目标，但还没有准备好的心理状态。如果由于时间方面的原因而不得不等待的话，等待期间就会心神不宁、惴惴不安，如热锅上的蚂蚁，仿佛度日如年。

只有把事情办成，或者即使办不成，但因有不可逾越的障碍而只能如此时，心情才会彻底放松，把紧绷的神经松弛下来。

急躁作为人格表现缺陷方面的一般心理问题，其情景同样是明显的，即一般只有遇到与我们自己切身利益紧密相关或与维持自尊和自身形象紧密相关的事情时，我们的急躁性格才会显露出来。

而与自己的切身利益、自尊等无关的事、可办可不办的事，或虽与自己的切身利益、自尊相关，但目前无法办成，其相关紧密度又不是很高的事，或与将来的切身利益、自尊紧密相关，但如今无伤大雅的事等，则通常不会引发急躁的心情。

比如帮人购物、在学习期间想到毕业后的出路等，自知可急可不急或急也没有用，因而很少甚至不会引发急躁情绪。

急躁与暴躁不同。急躁虽然有时也会导致发怒甚至暴跳如雷，但主要不是表现为发怒和暴跳如雷，而表现为心急、焦躁、不安、担忧，一般不会殃及他人。

而暴躁虽然有时也表现为焦躁不安、心烦意乱，显得很急躁，但主要表现为暴怒，甚至唇枪舌剑，拳脚相加，通常会殃及他人。

虽然我们的急躁心理不会对他人造成很大的危害，但是这种心理状态对于我们做事是不好的，并且往往导致我们做事失败。

相反耐心却往往是我们做事成功的基础。急躁的人会犯很多错误，会自己打败自己，而有耐心的人往往占据主动。

耐心是一种涵养，它要求你不急不躁，冷静行事。耐心是一份理解，它要求你能反思，多替别人想一想。

耐心是一份宽容，它要求你满怀爱意，对待自己身边的朋友。耐心又是一份期盼，它要求我们撒下种子，耐心等待成熟，而不是揠苗助长、杀鸡取卵。

我们有了耐心，就会冷静地对待自己遇到的这样那样的问题，并妥善地加以解决。更重要的是，因为我们有了耐心，也使得自身每天都拥有一份好心情，去领略成功的喜悦。

2. 去除急躁的方法

诗人萨迪说过："事业常成于坚忍，毁于急躁。"的确如此，急躁常使我们不能冷静地审视客观条件而任意行事，其结果往往是事倍功半，甚至事与愿违，欲速则不达。那么我们如何克服自己容易急躁的毛病呢？

（1）认清危害

只有充分认识到某事的危害，才可能有自觉地去克服的动机与力量。

在实际中，急躁给我们带来很多不良后果。它会打乱我们平时的工作秩序，浪费掉大量的时间。它容易使人完不成任务，灰心丧气。

有急躁心理的男人，常感情用事，易发脾气，出言不逊，不计后果，不顾别人的自尊心与个性特点，一味强求别人与自己保持统一，从而使人际关系难以和谐。长期急躁可能会危害我们自己的身体健康。因为我们总是坐立不安，急得像热锅上的蚂蚁，这样就会使得大脑长期处于紧张状态之中，得不到休息，影响机体其他功能的协调发挥。

（2）找到原因

我们要认识到急躁是一种常见的心理现象，急躁与一个人的气质和性格类型有关，多血质和胆汁质的人，相对容易急躁。

由于我们的性格在很大程度上是天生的，后天改变起来比较困难，但这并不是说急躁就不能改变。只要我们持之以恒,有意识地改变自己,急躁情绪还是可以得到缓解的。

除气质与性格有一定的影响外,急躁与我们后天所处的环境和教育、自身的修养、认识也有较大的关系。

我们每个男人都有急躁的一面,脾气急躁跟身体的状况也有关系,平时多喝点枸杞菊花茶,注意尽量早点睡觉,可以养肝抑躁。认清了自己急躁的根本原因,是我们克服急躁心理的最重要一步。

(3)加强修养

我们应不断地加强自身修养,通过修身养性来调节自己的情绪,增加自己的心理包容性,目的就是给自己一个舒适的环境,宽松怡人,忘掉烦恼,摆脱急躁情绪。

(4)适时自我暗示

适时进行自我暗示,这样可以淡化我们的急躁心理。当急躁情绪出现时,就提醒自己:"要冷静点,心急能解决问题吗?心急只会把事情弄糟。""何必太心急呢?"也可请人在发现自己有急躁情绪又没意识到时,及时提醒一下,从而帮助自己恢复情绪的常态,以避免急躁心理。

(5)不要过于执着

应该接受一个事实,即谋事在人成事在天。而且事情的成败终究是次要的,不要太执着,这样也会有效克服我们不该有的急躁。

(6)劳逸结合

劳逸结合也是我们克服急躁情绪的有效措施。文武之道,一张一弛,在紧张工作之余,可以听音乐、散步或郊游,使紧张的心情得到放松,使得大脑神经兴奋中心转移,与工作相关的神经细胞得到休息,这不仅有利于提高工作效率,还能避免急躁情绪出现。

（7）素质训练

急躁往往与我们的个性紧密联系在一起，要克服急躁，可以采取一些措施，把急性子磨慢。例如，我们可利用业余时间打太极拳、钓鱼、练习书法绘画、下棋等。只要我们长期坚持、一丝不苟，就能克服急躁，培养起耐心和韧性。

（8）持之以恒

急躁者做事情往往虎头蛇尾，不能善始善终。要想克服急躁情绪，必须努力做到始终如一。急躁的情绪不是一天形成的，因此，克服它也要有毅力。只要坚持下去，急躁情绪就会被克服。

3. 培养耐心的方法

耐心是帮助我们男人成功的一个良好基础，如果我们缺乏耐心，那么就会失去许多成功的机会。那么我们在现实生活中，如何让自己更加有耐心呢？

（1）从小事做起

耐心的培养需要我们从日常的点滴做起，不要考虑太多，要扎扎实实做好你手头的每项工作，所有的事情都踏实去做，时间长了我们的心态就平静了。

耐心的培养不是一朝一夕的，只要我们努力去做，相信我们就能做到。让我们从平时的小事做起，努力改变自己吧！

（2）形成思考的习惯

我们平时要形成冷静慎重、三思而行的习惯。要看到世界上的事情是复杂的，不可能都按我们个人的意愿行事，任何一件事都可能受到其他因素的制约。

要冷静地思考，慎重地决策，全面地分析各种可能出现的情况，耐心地处理，尽量避免偏差，提高办事的效率。如果条件暂时不成熟，就尽可能创造条件，耐心等待时机。对不具备可能性的事就改换目标或途径，以免费力不讨好。

（3）制订计划

做事之前我们要给自己制订一个计划，做计划时力求从总体上来把握，不拘泥于一些细节。在执行计划时，可根据具体情况增加或减少一些内容，这样能使生活、学习和工作有条不紊。

（4）充分准备

一般情况下，我们想要达到的价值目标相对高于自己的能力，若想马上实现，就会产生躁动不安的心理并引发急躁的情绪。

所以，只要我们能够理智地看待自身能力与目标实现的可能，并为实现目标做好充分的准备，包括失败的准备，就会更加心平气和。

（5）统领全局

不断提高认识事物和为人处世的能力，那么我们就能站在统领全局的高度，即便是千军万马，也凭我们羽扇挥来摇去。那时，我们还有什么不耐心的呢！

（6）找到规律

我们的急躁往往还由于对事情规律的了解还不够充分，计划不够完备而引发，没有做好事情后面阶段的相应准备，所以当你失去对事情的控制的时候，你就会产生希望目标马上实现的急躁情绪。

如果我们能够掌握事情的发展规律，并妥当地做好充分的准备，那么，完成事情的过程就会变得十分有趣。

想想看，当事情的发展在我们的掌控之中，并按我们的预计发展的时候，我们一定会充分享受这个过程，享受这种控制事情而不是被事情控制的感觉。

贴心小提示

也许男人的急躁心情可能不断出现，这就需要你不断地进行心理上的自我放松，直至急躁情绪被克服为止，到那时你才会找到一个真正内心平和的自己，让自己做起事来更加得心应手！下面是一些有效的方法，你不妨尝试一下！

你可以随身携带写有"冷静"字样的字条，遇到自己急躁情绪袭来时，马上拿出来看一看，迫使自己冷静下来。

当你急躁的时候，你可以往双脚的大脚趾上使劲儿，此外，也可以往腹肌上用力。

这是因为人在急躁不安的时候往往会抖动腿脚，有的人则习惯地跷起二郎腿。这是无意识之中限制血液向大脑涌流保持平衡作用的方法，腿部作用之所以有益于消除急躁情绪，是因为它位于与头部截然相反的方向，调节血液循环的效果最佳。

下面的方法能帮助你尽快消除急躁情绪，保持健康心态。结合自己的实际，采取站立或坐卧的方式；做好准备后尽力往整个双腿上使劲，使双腿肌肉紧张，持续30秒后复位；身体处于坐姿时，可脚跟着地用力跷起大脚趾，使腿部肌肉紧张，持续30秒后复位；可以用上述方法向腹部肌肉用力，收到的效果会更好。

反复做上述动作，就能获得预期效果。

下面的训练能够使你心胸开阔、情绪稳定，并强化心肺功能。选择一处平坦的地面，双手各紧握一本书或其他物件，自然站好；握紧书的双手慢慢展开，逐渐伸平；伸平双手后，躯体向前卧，身体要尽量向前弯，而后挺直；挺直身体后，身体向后仰，要尽量向后弯，而后复位。每次做前卧和后仰各10下，共做3次，这样做能够收到改善血液循环、情绪好转的效果。

把鲁莽性格调整为慎重

鲁莽的性格表现为不够细腻，遇事风风火火，容易冲动。与女性相比，男人更容易鲁莽行事，特别是在面对压力的时候。这是极不成熟的心理，所以男人要想成功做事，就必须将鲁莽的性格调整为慎重。

1. 认识鲁莽与慎重

俗语说忙中出乱，意思是说，做事情不能鲁莽，而应该谨慎细致。

我们很多人在日常生活、工作和学习中，经常莽撞无羁，为所欲为，粗心大意，不顾大局，经常出错，常失礼仪，无视安全。这种状态，就是鲁莽。

做事鲁莽的人经常是失败者，因为他们做事往往不顾大局。因此我们做事一定要慎重，凡事不能不经大脑考虑，鲁莽从事。

1794年深秋，拿破仑的军队向荷兰发起进攻，荷兰无力还击，只好打开水闸，用洪水迫其后退。拿破仑不得不下令撤军，但有人无意间发现蜘蛛在吐丝织网，这预示着干冷天气即将来临，于是拿破仑下令停止撤退。

不出所料，一股冷空气很快来了，洪水在一夜之间结冰封冻，法军越过冰河，顺利地实现了作战企图。

由此可见，小心仔细、严谨慎重对于我们来说有多么重要。而粗心大意、鲁莽行事则可能给我们带来意想不到的严重后果。遇事细思量，行事莫鲁莽。我们应该时时处处注意培养谨慎细致的良好作风。

2. 消除鲁莽的方法

现实中，很多男人虽然也有把事情办好的良好愿望，但往往因为行事鲁莽，将事情办砸了，甚至有时还弄得令人啼笑皆非。那么我们该怎么样才能克服自己的鲁莽呢？

（1）分析原因

具有鲁莽性格的男人，一般开始并不自觉，当自身有所察觉后，就应该努力寻找脱离鲁莽的方法。首先我们要从自身来寻找鲁莽的原因。

男人鲁莽的内在原因一般是缺智，不懂策略，不谙兵法，不识规矩，随性操作，随意而为。鲁莽经常和失败相连，成功者经常和鲁莽分道扬镳。鲁莽的成因有生理因素、心理因素、家庭因素和社会因素。

（2）对症治疗

如果我们男人的鲁莽是因为生理上的原因，要克服我们的鲁莽心理和行为，就需要对症下药，及时治疗。

如是造成我们男人鲁莽是心理上的原因，我们也要及时进行心理调适，解决心理问题。

如是家庭原因，那就应该对我们的家庭进行审视并调整，使自己鲁莽的成因得到根除。

如是社会原因，那就需要社会给予关注，对鲁莽者的社会存在和社会影响，加以适当的调整。

（3）小心谨慎

我们做事的时候，要谨慎，将不安全因素和失败因素悉数排除，而这恰恰就是对鲁莽的排斥和消除。

3. 培养慎重的方法

我们男人做事要慎重，不可冲动。无论做什么事，我们都要反复权衡和分析，分清优势和劣势，经过充分论证后，再做决策。做了决策后，我们还要适时调整不合时宜的措施，确保自己做出的决策能够取得实实在在的效果。在现实生活中，我们该如何培养自己慎重的作风呢？

（1）培养好性格

性格特征是形成男人鲁莽的重要原因，要根治我们的鲁莽，首先须从改变我们不良的性格特征入手，培养我们认真的态度、严谨的作风和高度的责任感。

我们要从一点一滴做起，做一切事都要有因有果，不能敷衍了事，不能赶任务。这样持之以恒，才能在潜移默化中养成良好的性格特征，改掉鲁莽的不良习惯。

（2）破除心理定式

要破除心理定式，一方面要培养我们良好的观察品质，有计划地训练自己，提高我们辨别事物或现象之间细微差别的精确性品质和及时发现不易发觉的事物特征的敏锐品质，发展观察能力，这是保证知觉的客观性、避免鲁莽、消除心理定式的有效措施。另一方面要培养我们求异的思维习惯，使我们看问题能够从不同角度思考问题，这对消除心理定式也有一定的作用。

（3）集中注意力

注意力是我们心理过程的开端，它可为认知活动提供一个清醒的心理背景。注意力不集中，我们做事时的心理指向就经常变化，注意对象也就不能得到清晰而完整的反映，因而极易鲁莽做错事。

注意力集中稳定是我们成功的基础，是我们每个人都必备的品质。因此培养集中注意力的习惯对杜绝鲁莽是非常重要的。

（4）加强自我反思

我们男人做事鲁莽，从根本上说是由于自我监控能力弱，也就是缺乏一种在做事后反思的过程，没有了反思，也就没有了对自己行为的评判，下次遇到类似的事还可能鲁莽，因此，经常反思自己的行为，才能减少鲁莽的行为。

（5）大胆心细

学会心细防微对于克服我们的鲁莽十分有效，鲁莽往往是粗心大意所致，心细，多一个心眼，就是要让自我的各种感觉器官灵敏一些，认真一些。

所有败因往往都是十分细微的，比如一个大瓷罐，有一道裂纹，很细，不认真审视，不让视觉灵敏地观察，就很难发现。

处在这样一个浮躁的社会，能做到慎重不易，能保持更不易。我们每一个人都应该寻求内心的安宁，做一个有良好修养、美好德操、高尚境界的人。

贴心小提示

可能你有鲁莽的毛病，还在为自己的不慎重行为买单。那么你现在就要注意了，下面这些方法对你也许很有效。

谁都不是天生会做事的，平时我们一定要多看、多想、多听，这会对你有所帮助的。

多观察别人，知道他们的性格和爱好，与他们相处，言谈要三思而后行，说话给人留余地。

没有好理由时我们最好不当面拒绝他人，做事要想后果，不能只图一时痛快。

学会站在他人的角度思考问题,吃点小亏不算什么,有失必有得。

处事、接物、待人注意分寸,无论多么亲近的关系,都要注意长幼之分、亲友之界等,不要失了礼数。

当今社会宣扬个性,但也要拿捏适度,不要过于显露锋芒,过于表露自己的个性。

做每件事情都要专心投入,全神贯注,不要抱有马虎之心。

保持乐观的心态,你不可能遇到的事情全是自己顺心顺意的,所以要乐观地调节自己,不要把对一件事情的不满情绪迁移到别的事情上去,否则得不偿失。

事前三思是好事,但做事情不要犹豫不决,否则效率一定高不了。

一定要有自信,不要做完一件事情之后,又后悔为什么当初要这样做,不那样做。

工作上我们要少说话,特别是要少说或不说废话,不要随意发表自己的看法。

总之慎重做事就是要求我们做事的时候三思而后行。

把盲目心理调整为明确

盲目是一种不清晰的思想,是一种对事物模糊的心理。我们男人要想成功做事就必须明确目的与目标。目的不明确是盲目,目的偏离真理的方向是错误。人的一生极其短暂,应该把重心放在那些必须要做的事上,而不是那些可做可不做的事上。并且凡事不能盲目求快,因为欲速则不达,过于急功近利,反而会一事无成。

1. 认识盲目与明确

很多男人从小到大努力地读完中学读大学,读完大学再读研,甚至出国留学等。

但是,在拿到他们苦苦追求的那张文凭后却发现,找不到工作,或者即使找到了工作却远远低于当初的期望值,总是被工作抛弃,总是被机会抛弃。

这其中的原因在哪里呢?最根本的一点就是太盲目,我们没有把自己的行动和明确的目标结合起来。我们每天都感到很忙,但是很多时候却不知道自己在忙什么,没有目标,只是瞎忙,最后才发现自己什么都没有得到。

相反,如果我们做事能够有明确的目标,那么就能领先别人半步,将来领先的可能是几十年,这个差距就会很明显。

所以,我们一定要找准自己的位置,始终向自己的目标前进。没有明确的目标,我们就永远达不到成功的彼岸。

没有明确目标的指引,我们很容易盲目,费时费力地做一些无用功。

有一位妻子让丈夫去买火腿,还叮嘱丈夫不要忘了让肉贩把火腿的末端切下来。

丈夫不解地问:"为什么?"

妻子回答说:"因为我母亲一直是这样做的。"

正巧这时岳母来了,丈夫便向岳母询问为什么要切下火腿的末端。

岳母说:"我母亲是这样做的。"

后来有一个机会,丈夫又向妻子的外祖母询问了这个问题。

外祖母回答说:"我之所以要切下火腿的末端,是因为当时的烤炉太小,放不下整只火腿。"

这虽然是一件小事,但却反映了一个问题,那就是我们很多人做事很盲目,从来不问为什么。

很多人没有为成功制定相应的目标或计划,没有了目标和计划,做起事来只能东一榔头西一斧,什么事也做不好。

当我们明确了自己的目标后,还要一步一个脚印地朝着目标努力,这样,目标才有可能在将来得到实现。

正确的方法比盲目的执着更重要。我们应该调整思维,尽可能用简单的方式达到目标。

2. 消除盲目的方法

在实际生活当中,我们很多男人都会被目的周围的烟幕弹所左右,丧失目的或者看不清目的,变得盲目起来。那么我们该如何克服自己的盲目心理呢?

(1) 不盲目从众

心理学研究发现,在群体活动中,许多男人存在着各种从众心理,往往在群体的诱导或压力下放弃自己的意见。

在生活中,我们一定要用自己的头脑去思考、去分辨、去判断、去行动,不要让别人的头长在自己的脖子上,支配自己的思维和行动。

(2) 增强广告免疫力

不加分析地顺从某种宣传效应,到随大溜跟着众人走的从众行为,以至发展到盲目顺从，让广告牵着我们的鼻子走，这是不健康的心态。多一些独立思考的精神，少一些盲目从众，这才是健康的心理。

（3）提高思维能力

提高我们的创造性思维，能让我们在做事时有自己的独到见解和开拓性意见；提高我们的多向性思维能力，能够让我们对自己现在的行为是否适当提出质疑。可见，提高思维能力对于我们克服做事时的盲目性确实是有效的。

（4）能够独立思考

努力培养和提高自己独立思考和明辨是非的能力，遇事和看待问题，既要慎重考虑多数人的意见和做法，也要有自己的思考和分析，从而使判断正确，并以此来决定自己的行动。

（5）坚定理想信念

一般说来，克服盲目心理主要靠学习科学文化知识，别人的意见和压力并不是我们从众的关键因素，关键的因素是我们的理想、信念和道德观。只要我们具有正确的理想、信念和世界观，就不会轻易受到别人的影响，也不会因害怕孤立而屈服于压力。

3．做事要明确

目的明确能事半功倍，那么在现实中我们该如何让自己做起事来更加明确呢？

（1）设定目标

在现实生活中，许多男人整天默默工作，辛勤劳动，但却由于没有设定自己的奋斗方向、奋斗目标，做了一辈子，还是在原有的岗位上工作，用一个词来形容，就是碌碌无为。

方向就是战略，就是目标，做企业也是这样，只有企业战略明确了，方向正确了，思路清晰了，然后通过团队的共同努力，才能达成企业的目标。

有了明确的目标，就已经成功了一半了。我们不能天天只在羡慕着别人的成功中生活，白白浪费自己的大把时间。我们一定要沉下心来，为自己设定一个明确的目标。

（2）分清主次

先做重要的事，不要为琐事所牵绊，更不要去做一些表面化的事情，做任何事情我们都要分清轻重缓急。

目标的实现具有阶段性，就如同大任务可以分解为小任务和小步骤一样，伟大的目标也可以分解为相关的、连续的小目标和小步骤，然后通过累积，最终达到我们想要的结果。

（3）目标要合理

在制定短期小目标时，我们一定要注意目标的合理性。心理学家通过实验证明，过于简单的事情或难度太大的事情都不具备挑战性，都无法激起人们的热情。

所以，我们在制定短期目标时，一定要充分考虑自己的经验阅历、素质特长和现实的环境等多方面因素，从而使制定出来的目标既比自己的现有水平高，又切实可行。

（4）规定具体时间

我们在制定短期目标时，还要有具体明确的时限，比如要在半年或一年内完成等。制定的目标如果没有明确的时间限定，就相当于没有制定目标。相反，如果自己心中对短期目标完成的时限有清晰、具体的规定，就能充分了解自己在每一个特定的时限内需要做的事情。

（5）经常提醒自己

当我们清楚了自己的任务后，可以不断地提醒自己，也可以把它们写在纸上，贴到自己最容易看到的地方。

这种提示会在我们的潜意识里形成一个做事的尺度，使我们明白自己什么时候该完成什么事情，从而让我们做起事来时刻保持清醒的头脑，向着自己的目标前进，而不是变得盲目。

总之，只有我们明确了前进的方向，才能让自己走得更快更好，少走冤枉路，实现成功。当目标确定后，请你马上下决心去努力实现吧！有了目标的指引，你的人生之船一定能够驶向理想的彼岸！

贴心小提示

你还在盲目地生活吗？你还在为自己不知道如何做事而烦恼吗？下面是一些有效的方法，通过这些方法，相信你会很快走向成功！

首先你要准备好纸和笔，然后写下自己所想要实现的目标，列下实现目标的理由。当你清楚实现目标的好处，以及不实现目标的坏处时，你才会立即行动起来，向着自己的目标前进。

当明确目标之后，便要设下明确的时限。因为你如果没有时限来让自己集中注意力的话，便很难检查出自己在不同时间段到底做到什么程度了。

还有，如果你不知实现该目标所需的条件，如何去进行则会模糊。比如你想进哈佛大学就读，却不知哈佛的录取标准，则进入哈佛必定有所困难，如果明确知道它的录取标准，则更能按部就班地达到它所要求的标准。再比如你的目标是三年内当经理，接下来便把当经理的条件和能力列出来，明确告诉自己就是要成为那样的人。

然后，你还要列出目前不能实现目标的所有原因，从难到易排列出来，自问"现在马上用什么办法来解决那些问题"，并逐项写下。列完解答之后，这些解答通常就是立即可以采取的行动，并且十分明确。

将夸夸其谈转变为务实肯干

俗话说："说一千，道一万，不如实际干一干；空谈误国，实干兴邦。"这句话淋漓尽致地说明了务实肯干的重要性。梦想再好，志向再大，目标再高，如果不踏踏实实地干，一切都是幻影。可以说，务实是一种成熟的心理，也是一个人成功做事最基本的要素。所以作为一个男人，与其夸夸其谈，不如务实肯干。

1. 认识空谈与实干

花园荒芜，大家都想修整。但我们大家只是各持己见，争论不休，而没有一个人真正去实践，最终花园依然荒芜。

我们各自谈了一大堆理论，互相批评对方，这些空谈不会对花园有好处，试想，如果我们中的一个人按照自己的方法去真实地做，花园现在大概已是芳草萋萋，鲜花满园了吧！

成就一件大事，需要我们踏踏实实地做，不是我要云云，明天要怎样做，而是你现在去做，并把它做好。

很多人可能看过这样一幅漫画，这幅漫画的名字是《三个事后诸葛亮顶不上一个实干臭皮匠》。这幅漫画说的是三位高居厅堂的人，正在唾沫横飞地审判一个正在忙碌的鞋匠。一个干，三个不干，干的受审判，不干的倒有理。这种现象值得深思。

诸葛亮是《三国演义》中的人物，他神机妙算，料事如神，为复兴汉室，运筹于帷幄之中，决胜于千里之外。

我们佩服诸葛亮的预见性、掌握客观规律的科学性。真正的诸葛亮为世人所景仰，而事后诸葛亮却是要不得的。

因为这些事后诸葛亮都是些空谈家，没有真本事，缺乏预见性，别人干时他不伸手，别人干完了，他们却说三道四，妄加评论。干好了，是他们早就料想到的；干不好，则是风凉话连篇，冷嘲热讽不断，更有甚者则抓住人家的错误，横加指责，让干实事的人寒心。

而实干家则是脚踏实地、任劳任怨地工作。他们虽然很平凡，正如漫画中的皮匠，干的是平凡的工作，但却踏踏实实，在工作中不断积累经验，为的是把工作做得更好，这是一种很宝贵的品质！

只有拥有实干的精神，用自己的打拼、自己的奋斗去争取，才能得到丰硕的果实。在通向人生巅峰的天梯上一步一步地攀登，尽管道路坎坷，尽管困难重重，但我们的努力终将会得到回报。

当代社会竞争日益激烈，归根到底是人才的竞争。而人才就必须少些空谈，多干实事。我们与其空谈将来的理想，空谈我们是祖国未来的希望，为祖国做出贡献，倒不如从现在起，为自己的目标实实在在地做，空谈只是我们失败的借口，努力奋斗，为梦想一步步地努力，为中华崛起而多些实干，少些空谈。

拥有了实干，就拥有了实现梦想后的喜悦。在未来的世界里，不要让空谈占据了你生活的全部。我们要的是实干，而不是空谈！

2. 避免空谈的方法

空谈的男人，只不过是在做自己的黄粱美梦罢了，在不切合实际的"魔毯"上飞，最终一定会被摔下来。那么我们平时如何做到避免空谈呢？

（1）认清危害

空谈有很多害处，虽然别人一开始可能不知道你的底细，但是一旦知道，你就会失去别人的信赖，大家都觉得你不是一个可靠的人，从而与你疏远。

当空谈者被人识破后，谈得越多会越让人觉得心烦，这样还会破坏自己的形象，不利于工作，不利于自己的发展。所以说，空谈是一件害人害己的事，最后的结果只能让我们后悔莫及。

（2）吸取教训

空谈并不可怕，可怕的是不吸取教训。只要空谈者闭上嘴，多做实事，那么在不久的将来，就会成为实干者。自然，成功和荣誉乃至爱情终究也会来。

3. 培养实干的要诀

与其空谈，不如实干。我们的人生的确如此，只有脚踏实地，一点点耕耘，再一点点收获，梦想并不会因为我们的空谈而实现。

正如一篇文章里说的："你给了生活多少耕耘，生活就会赏赐你多少果实；你给了生活多少懒惰，生活就会回敬你多少苦涩。"那么我们平时该怎样培养自己的实干精神呢？

（1）坚持不懈

踏踏实实地学习工作容易，但是要我们一辈子坚持就不容易。古稀之年的华罗庚常说："树老易空，人老易松，科学之道，我们要诫之以空，诫之以松，我愿一辈子从实以终。"

华罗庚的这种坚持不懈的实干精神，使他成为中国数学界的一颗璀璨的明星。从他的身上可以看出，我们确确实实需要实干的精神。

（2）平实真诚

"少说空话，多干实事。"是巴金的座右铭，也是他一生的真实写照。巴金一生追求说真话，做实事，主张不为文学而文学，他不管对工作还是对青年，都主张用一颗平实真诚的心待人接物，因而，他被人们盛誉为"20世纪中国的良心"。

因此，我们不要做整天夸夸其谈、空谈大道理而无所事事的人，我们要多做一些实事，这样人生才会更有意义。一千个"0"顶不上一个"1"，一千个愿望顶不上一次实际行动。所以，空谈不如实干。

贴心小提示

你还在别人面前夸夸其谈吗？你还没有认真地做成过一件事吗？假如你已经认识到了自己只会毫无意义地空谈，那么请现在就认真改正吧！

1. 树立正确人生观

作为一个新时代人，你是否活得有价值，最主要的是看你是否尽了力，做了事，而不是看你说了多少空话。让我们从现在做起，而不是说起。

2. 给自己制订计划

每天制订个小计划吧！晚上的时候，就可以问问自己完成了没有，如果没有就惩罚一下自己。

3. 从小事做起

你也许胸怀大志，满腔抱负，但是成功往往都是从点滴开始的，甚至是从细小至微的地方开始。你如果天天只会空谈理想，不去做任何事，必将一事无成。

4. 转移注意力

选择你自己除空谈之外最擅长的事情，投入力量，争取有所成就，这样，你的信心就会逐步增强，空谈就会步步退却。

5. 增强意志力

当你忍不住空谈的时候，用意志力自我克制。在这个过程中，要学会自我暗示、自我命令。暗示、命令自己不要随口瞎说，暗示、命令自己把精力放到学习和工作上去。

相信经过自己的不懈努力，你一定会重塑自己的形象，让别人看到一个全新的你！

把压力转化为奋进的动力

一方面，当代社会竞争日益激烈，生存越发艰难，压力是可怕的。但另一方面，压力又是我们不断前进的动力。我们在努力实现自我价值的同时，更要重视精神生活，崇尚身心健康，学会化解压力。

不要认为压力只有不良影响，应当转换认识和情绪，以良好的心理多去开发压力的有益之处。

1. 辩证地看待压力与动力

我们男人不可能生活在真空里，工作、学业、生活或多或少都会带给我们压力，我们应当认识到这是普遍现象，压力每个人都有，只是大家感知的程度、对待的态度不一样罢了。

压力是坏事，也是好事，这要看我们从什么角度去看，去分析。面对压力的态度很重要，甚至决定一个人的人生。

如果我们感到生活与工作没有任何压力，那表明我们很可能是目标感欠缺、动力羸弱的人。

我们得过且过、无所事事地打发着人生，白白地蹉跎了岁月。这样生命的意义将大打折扣，这样的人生没有意义。

压力本身就是我们生活和工作的调味剂。面对环境的变化和刺激，我们应该努力去适应，生命有时因压力而丰富。挺过去，你会体会到别样的精彩。

我们男人必须有适量的刺激，才能更好地生活。刺激过度或不足，人都无法适应。适当的压力既有利于机体平衡，也有利于心理健康。压力能够激发我们采取行动，促使我们去做某些事情。我们的生活需要冒一些风险，我们需要承受一些压力，以确保我们从生活中获得些东西。

既然这样我们男人应该试着以积极的态度去迎接压力，并将其转化为动力，这才是根本的办法。

否则，我们在压力面前便会丧失信心，失掉勇气，失去斗志。被压力所吓倒，被压力所蒙蔽，被压力所征服，被暂时的困难消退了勇气，被面临的困境消磨了精神，被眼前的艰险击垮了信念。

压力面前采取什么态度，关系到我们一个人的人生哲学与人生的价值。只有勇于面对压力，善于把压力化为动力，我们的人生才会异常丰满，我们也才能充分体会到生命的意义。

反之，如果我们只会逃避现实，不敢直面压力，我们的人生必将黯淡，我们的生命必将缺乏光彩。

2. 化解压力的方法

我们应该看到，现实生活中压力无处不在，不可避免，虽然有的人被压力击垮，一蹶不振，而有的人过得更有意义，更有效率，这其中的奥妙就在于我们是消极面对压力，还是对压力进行有效运用。我们日常生活中该如何化解遇到的压力呢？

（1）认清压力

机体对压力往往有一种天生的吸收和缓冲机制，一般的生活压力会被身体转化成活力与激情。如果一个人生活在流动的、不停变化的压力丛中，他的机体不仅可以是健康的，也是充满能量的。

压力过小的生活让人消沉、昏昏欲睡、机体懈怠、思维变慢。但有两种压力可能使机体调节失常，一是突如其来的过大压力；二是持续不变的低量压力。过多的压力会引发纷乱的情绪。较大的压力会带给躯体各种不适反应。

（2）接受压力

逃避压力，并不能解决问题，最好的办法就是与压力相处，坦然接受压力。让我们做一个有心人，正视压力，克服困难，创造奇迹。

（3）缓解压力

缓解压力的方法有很多，如冥想、流泪、体育锻炼等，都能让我们的感情得到释放，压力得到减轻。

平衡躯体压力与精神压力有点像跷跷板，躯体压力大，精神压力也会慢慢增大，反之亦然。通过放松来释放躯体压力，精神的压力也在释放。

当我们集中心智工作太久，或者长期处在竞争的状态里，可通过机体的放松来释放内在的压力。而当我们懈怠太久、无所事事的时候，可通过机体的运动来保持精神的活力。

（4）调节压力

管理好各类压力有很多可操作的好方法，如写压力日记、生物反馈、肌肉放松训练、冥想与想象、倒数放松、自我催眠、一分钟放松技巧等，并按照各种生活场景给予恰当的提示与指导，可以作为人们压力管理的手册。

（5）积极心态

良好的心态可增加我们应对压力的能力，不良的心态就像一团乱麻，干扰我们的内心。

压力并不可怕，可怕的是我们对压力有不恰当的观念与反应。越怕压力就越会生活在压力的恐惧中，喜欢压力的人在任何压力面前都会游刃有余，让我们坦然面对压力，勇敢走向成功。

3. 增强动力的要诀

压力得到减轻，并不代表我们就有了十足的动力，那些有着强烈的、热切的渴望去达成目标的人才是真正动力十足的人。但具有这种特别品质的人似乎并不多，那么我们该如何培养热情，让自己也变得动力十足呢？不妨掌握以下一些要诀：

（1）断绝后路

如果我们的目标确实对我们非常重要，那么我们就可以从断绝后路开始，如此我们就别无选择，只能前进。这就是兵法上所说的破釜沉舟、背水一战、置之死地而后生。

比如，我们想开创自己的新事业，就可以从辞掉现在的工作开始。写封辞职信，放进贴了邮票、写了老板地址的信封里，交给一个信得过的朋友，告诉他，如果自己在某个确定的日期还没有辞职的话，就把这封信投进邮箱。

（2）大胆展示

假设我们有了一个重要目标，我们可以找些贴纸板，然后做些自己的海报，上面写上自己的目标，然后把海报贴满房间。把电脑屏保也改成同样的话，或一些同等的动力标语。如果在一间办公室工作，也用同样的方法改造我们的办公室。别在意同事怎么想，去做就是。

（3）交积极的朋友

结交一些会鼓励我们向目标前进的朋友，跟他们多相处。只跟那些支持我们的人分享你的目标，而不是那些漠不关心甚至冷嘲热讽的人。

同时我们还必须从生活中剔除那些消极的人，思维模式是具有传染性的，我们还是把自己的时间花在那些值得"被传染"的人身上吧！

（4）不断激励自己

如果我们想戒烟，就看一些戒了烟的人写的关于如何戒烟的书。如果我们想开创事业，那就海量阅读生意方面的书。

我们每天至少花15分钟充实自己的头脑，让我们的"电池"持续充电。

（5）立即行动

一旦我们为自己设定目标，就立即行动。当我们开始为一个新目标努力时，别过多地考虑设定长期、详细目标的问题。

动力总是跟随在行动之后，持续行动的动力给动机增加了燃料，而拖延则会谋杀动机。所以，勇敢地行动吧！如果我们总是给渴望增加燃料，成功不过是时间问题。

总之，让我们行动起来，坦然面对一切压力吧！让我们把所有的压力都变成我们前进的动力，让我们的火焰永不熄灭。只要我们有足够的能量，我们就能达成积极的成果，变成一个动力十足的人。

贴心小提示

正常的压力是推动力，过重的压力则会伤身伤神。究竟怎样才算是正常的压力，怎样才算是过重的压力呢？长期面对压力，会对健康造成怎样的影响？我们该如何应对压力，才不会让压力把我们打败呢？

你现在可能还在为这些压力问题而苦恼，那么看看这些小方法吧！可能对你减轻心理压力很有帮助！

1. 按摩穴位

当你面对压力时，可能会觉得心情郁闷，不管做什么事，都无法快乐起来。这个时候，你可以通过按摩不同的穴位来消除压力，让身体重新涌现活力。

2. 培养兴趣

培养你自己的兴趣，或进行你自己喜欢的运动，让自己完全脱离压力的源头。

3. 忙中偷闲

在离开办公室后，你如果还感觉到压力，常常出现头痛、晚上无法入睡等症状，那可能就是压力过重，这个时候，就该请医生诊断。工作时要注意适当休息，每隔一段时间就起来活动一下，倒杯水，或上洗手间。

4. 减压食疗法

柴胡排骨番茄汤可以疏肝解郁，消除疲劳。如果你的压力很大、情绪处在低潮状态，那么可以每星期食用一次，对缓解你的压力很有好处！

5. 深呼吸

发现你自己承受着压力时，不妨深呼吸，或去向专业医生查询进行深呼吸、冥想和减压体操的正确做法。

6. 断绝压源

如果环境噪音或污染是造成你压力的源头，那你就得设法去改善这些差劣的环境。

7. 户外走动

我们多数时候都在户内,因此自然光照得不够,会让我们的身体失去节奏,承担压力的能力越来越差。因此,当你感觉到有压力时,多到户外走动,即使天气不怎么好,也要坚持。

把懈怠懒惰变为勤劳

懒惰与勤劳是对立的一组词,它反映出两种不同的心理。懒惰是人生的一种腐蚀剂,它会使我们原本甜蜜的生活变得苦涩,使我们原本光彩的人生变得阴暗。我们人生的许多理想、目标、规划、希望、追求,因为懒惰而变得遥遥无期,无法实现。

如果我们认真地思考一下,就会发现,世间的一切美好生活,人生的一切光辉灿烂,无一不是在勤奋地努力、不懈地劳作下,渐渐地变成了现实。有句格言说得好:"永远勤奋的人,命运一定倍加垂青。"

1. 认识懒惰与勤奋

懒惰是一种我们心理上的厌倦情绪。它的表现形式多种多样,包括极端的懒散状态和轻微的犹豫不决。生气、羞怯、嫉妒、嫌恶等都会引起懒惰,使人无法按照自己的愿望进行活动。

有些人的懒惰突出表现在日常学习、日常生活方面。如不爱做自己喜爱的事,不爱从事体育活动,心情也总是不愉快。整天苦思冥想而对周围漠不关心,日常起居毫无规律,不讲卫生,常常迟到,不能主动地思考问题等。

"勤奋如春起之苗,不见其增,日有所长;辍学如磨刀之石,不见其损，日有所亏。"这就是说，勤奋使我们慢慢成长，懒惰使我们渐渐沉沦。勤奋与懒惰就像一对互不相容的天敌，有你无我，有我无你。

我们要想获得成功，除了智慧和机遇等因素外，勤奋努力，坚韧不拔，就是主要原因。只要勤奋，哪怕资质平庸的蜗牛也能登上金字塔顶；如果懒惰，就是天资奇佳的雄鹰，也只能空振双翅。

勤得机运，勤能补拙。勤奋可以弥补自己在脑力、心智上的不足。如果我们与懒惰交朋友，即使轻松顺心，也最终一事无成。如果我们能和勤奋交朋友，即便是很苦很累，最终我们一定会走向成功。

我们生活中的大事小事，无一不是在勤奋中实现，在懒惰中荒废。可是很多时候，我们总是羡慕别人的成功、别人的风光、别人的富有，而自己却懒得行动，不肯付出，到头来，生活还是老样子。

"临渊羡鱼，不如退而结网。"只要行动，只要努力，我们总是会有收获的。如果只是幻想，而懒得实践，只能是南柯一梦，空欢喜一场。

对任何事情，我们首先要去做，要去下功夫。如果我们做不好大事，那就去做小事，就像我们没有能力去攀登珠穆朗玛峰，那就去攀登黄山、泰山，或是其他的山，但无论如何，我们一定要行动。

2. 去除懒惰的方法

懒惰是一种好逸恶劳、不思进取、缺少责任心、缺少时间观念的心理表现。懒惰是我们成功的绊脚石，懒惰让我们不想去求知、发明、拼搏、创造，最终我们只能是一事无成。懒惰让我们失去了很多机遇，让我们的人生变得黯淡无光，我们平时应该怎样克服自己的懒惰恶习呢？

（1）认清表现

首先要对我们是否懒惰进行判断。一般来说，懒惰体现在思想和行动两个方面。

在思想方面，如果我们经常有"明日复明日"的思想，明知道这件事应该今天完成却总期待着能够明日去做，那说明我们就有懒惰心理。懒惰的人还常有依赖别人的思想。这种依赖别人的懒惰心理会使我们的思维变得越来越迟钝。

思想的懒惰必然导致我们行动上的懒惰。例如我们明明知道某件事应该马上做，可却迟迟不做。做事时总是无精打采、懒懒散散、拖拖拉拉，做事不积极、不主动、不勤奋，这些表现，都说明我们身上已经有了懒惰的毛病，我们就应该注意了。

（2）查明原因

只有查明我们男人懒惰心理的具体原因，才能对症下药。那么究竟是什么原因导致懒惰心理的产生呢？

首先是依赖性强。我们小时候自己的事情都要靠父母或其他人，会形成我们没有主见、缺少独立性的习惯。在家靠父母，在学校靠老师，在社会上靠其他人，这种依赖性就是导致我们懒惰的主要原因。

还有就是缺少上进心。上进心是我们前进的动力，如果我们缺少上进心，必然导致懒惰现象的产生。

（3）制订计划

制订一个工作计划，并严格按照计划完成每天的工作，逐步养成不完成工作不睡觉的习惯，从而改掉拖拉的毛病。

（4）寻找榜样

我们可以多看一些励志性的书籍，多向那些成功人士学习。那些成功人士一般都是非常勤奋的人，他们的事迹会对我们的心理产生很大的影响，也可以找一个学习勤奋、做事勤劳的朋友作为自己的榜样，并请他多帮助和监督自己。

总之，懒惰是一个人成功的大敌，战胜懒惰，战胜自我，才能不断地前进。

3. 做到勤奋的要诀

无论我们有多么远大的志向，如果不能以勤奋的态度去落实，就永远无法变成现实，最终也只是海市蜃楼。勤奋对于一个人如此重要，然而，它和人性中所有的优秀品质一样，都不是与生俱来的，而是经过后天的磨砺才能具备。那么我们平时该怎么做才能让自己勤奋起来呢？

（1）向内心寻找

勤奋的来源无外乎两种，一种是面临严峻的生活现实，不勤奋便会有落后的危险，从而不得不勤奋，久而久之，也就成了一种习惯。这种勤奋是因环境的压力而生。

一种是把勤奋当作修身的重要内容，积极主动地去实行、去锤炼，这种勤奋因内心的力量而生。但无论是哪一种来源，最终对勤奋品质的拥有是一样的。当然，来自内心的力量必然会更持久、更强大。

（2）永远牢记梦想

只有给自己一个奋斗的理由，我们才能坚定信心，锲而不舍。我们不能只为工作而工作或只为薪水而工作，因为那样往往会把工作当成一项讨厌的责任，或者是惩罚，这种思想注定了我们只会偷懒和拖拉。

如果我们能把它当成实现梦想的阶梯，每上一个阶梯，就会离梦想更近一点，我们也就不会感到那么痛苦了。

（3）用心工作

我们男人往往习惯于只用手工作，因为这些工作我们已经很熟悉了，闭着眼睛都能做好。

然而只用手工作会使人们把10年当作一天来过，10年过后，我们只掌握了一种工作方法。也就是说，10年来我们在自己的工作上没有任何进步。

勤奋工作不仅是要尽善尽美地完成工作，还必须用我们的眼睛去发现问题，用我们的耳朵去倾听建议，用我们的大脑去思考、去学习，把10年真正当作10年来过。

（4）劳逸结合

在我们的印象中，勤奋往往与苦和累联系在一起，如果长期处于苦和累的环境中，我们可能会厌倦，甚至放弃。所以，适时地奖励一下自己是非常必要的。

当我们掌握了一种好的处理工作的方法，或工作效率提高的时候，不妨去看一场向往已久的演出，或者为自己准备一顿丰盛的晚餐。这样的奖励往往会刺激我们更加努力地工作。

勤奋并不是要我们一刻不停地干，把自己弄得精疲力竭只会导致低效率。所以我们工作累了的时候不妨花上几分钟的时间放松一下，给自己紧张的大脑充充电。

（5）永不松懈

勤奋通向成功，而成功很可能会成为勤奋的坟墓。成功之后就不再努力的例子并不鲜见，我们很多人凭借着勤奋努力被上司提拔和重用之后，就觉得应该放松一下了，结果变得好逸恶劳、不求上进。

所以我们在取得了一个小目标的成功之后，要制定大目标，告诉自己还有更加美好的前途在等着自己，使自己继续勤奋，永不满足。总之，只有勤奋才能让我们更成功，懒惰只会让我们走向失败。让我们从现在开始，做个勤奋的人。

贴心小提示

也许你现在还有惰性行为，浑浑噩噩，意识不到这是懒惰；也许你还在寄希望于明日，幻想着美好的未来。但是，如果你已经认识到懒惰的危害，不想再让自己懒惰下去，那么就让我们想办法克服它吧！相信未来你一定会成为一个勤奋的人，一个成功的人！

要学会微笑。当你不再用冷漠、生气的面孔与亲人交谈时，你会发现他们其实都很喜欢你，重视你。

做一些难度很小的事或是你爱干的事，也可以做你想了很久的事。

要保持乐观的情绪，不要动不动就生气。遇到挫折时，生气是无能的表现。正确的做法应该是冷静地查找问题出在哪里，或是自我解脱，或是与别人商量，哪怕争论一番对扫除障碍都有益处。这个过程带来的喜悦能使你更加好学。

学会肯定自己，勇敢地把不足变为勤奋的动力。学习、劳动时都要全身心投入以争取满意的结果。无论结果如何，都要看到自己努力的一面。如果改变方法也不能很好地完成，说明或是技术不熟，或是还需完善其中某方面的学习。你扎实的学习最终会让你成功的。

这样努力一段时间，你将发现自己很少会因做了某件事而感到遗憾。你还会发现，以坚强的毅力、乐观的情绪，脚踏实地地实践，是我们每一个人都可以做到的。

克服懒惰，正如克服任何一种坏毛病一样不容易。但是只要你决心与懒惰分手，在实际的生活学习中持之以恒，那么，灿烂的未来就是属于你的！

把粗心草率变为细心

粗心，就是不谨慎，不细心。相对来说，这是男人更容易犯的一种毛病。无论在生活还是在学习中，我们都会有这样的体验，并因此而受到损失。我们大多数人原本是不希望粗心的，但在潜意识里又认为，粗心只能算是个大家都会犯的小毛病，当然也就不值得让人担忧。

其实这是非常错误的，特别当我们养成了粗心的习惯时，就很难把事情做好，并会常常出现失误而严重地影响人生的发展。这甚至比无知更可怕。所以将粗心转变为细心是男人成功做事的重要一课。

1. 认识粗心与细心

一个概念，从无知到有知的改变是很容易的，而一种粗心的现象却是可以经常不断重复发生的。

我们不怕无知，因为不会的可以学会，不懂的可以学懂，而粗心就可怕了，因为我们以为粗心不是无知，所以就一次次毫无顾忌地、草率地粗心做事，也就一次再一次痛苦地做错，从而浪费了许多时间，丧失了许多的机会。

所以粗心比无知还可怕，更糟糕。粗心是由于对粗心的无知造成的。由于对"粗心"的忽视，粗心一次次地在我们的日常生活中出现，慢慢地粗心成了我们的一种惯性，而自己还是不能清醒地认识。

我们许多男人都曾经经历这样的情况，我们已经很努力了，自以为这件事情自己一定能完成得很圆满，可结果又是不尽如人意，很多是由于粗心造成的问题,虽然只是粗心而已,但不理想的结果往往会对自己丧失信心,会让我们认为自己再用功,也不会达到自己理想的目的。

我们的自信心会逐渐遭到打击,对做事也就逐渐失去了信心和兴趣。试想,缺乏斗志怎么可能成功?所以粗心一旦形成惯性,变成习惯,就不好改变了。

"江山易改,本性难移"这句话我们都太熟悉了。为什么我们有的人从小到大,一直总爱丢钥匙、钱包?

因为粗心很容易成为一种习惯,如果不幸成为我们个性的一部分的话,成功的可能性必然会大打折扣。

每个人都会有缺点,每件事情都会有不足,世界也不是完美的,因为有不足,这个世界才会进步,我们人也一样。但是我们一定要记住这一点:缺点不是错误。

我们很容易发现缺点和错误的区别,但由于它们常常很相似,我们往往会把它们混淆,经常把错误当缺点。原因很简单,因为我们思想里对粗心的危害认识不足,才会造成了我们对粗心的忽视,对粗心的宽容,甚至对粗心的放纵。

粗心听起来似乎是不大也不小的一个毛病,不值得小题大做,也正因为这样,它成了犯错后最过得去的借口。

但凡觉得是好借口,那么潜意识里其实就已经不太重视这一问题了,因此不要告诉自己"下一次一定细心",而是要在每次做事前告诉自己"这一次一定细心"。

2. 克服粗心大意的方法

粗心大意是我们许多男人共有的毛病。从心理学的观点来看,粗心是指自己的理解和会做的事情,由于不仔细而造成差错,作为一种性格缺陷，它的危害性是不言而喻的。怎样克服粗心大意的毛病呢？

（1）认清危害

粗心带来的后果非常严重，主要包括两个方面：一是错误一再重复，二是错误大多属于低级错误。

粗心的错误不是我们知识或者能力的缺失导致的。正因如此，粗心所带来的错误就与无知造成的差错不同，不易通过诸如反复练习这样的手段消除，很容易一再重复，贻害无穷。

我们都难免会犯错误，而粗心导致的错误往往属于低级错误，而且非常显眼，这对于结果的负面影响是显而易见的。

（2）分析原因

有的错误表面看起来是我们的粗心所导致的，其实也许是我们的知识或者能力方面出现了问题。所以在这个时候，我们应该提高自己的能力，而不是用粗心来掩盖问题的本质。如果我们这个时候不去认真回顾并分析自己所犯的错误，而是将所有的错误统统归为粗心，那说明我们真的是很粗心。

（3）专心做事

所谓粗心，大多是因为个人的注意力不集中才会出现的，而注意力之所以不集中，是因为不够重视。

我们工作和学习中经常有这样的现象，有些问题很容易，按理我们是绝对不应该出差错的，却出差错了，而有些事情比较难，按理说我们出差错的可能性较大，但我们这时反而不出差错了。

其实原因很简单，我们对较难的问题在心理上比较重视，因而不易出现差错；反之，我们对较易的问题在心理上不太重视，因而较易出现差错。

正因为这样，我们一定要加强对工作和学习的重要性的认识，提高责任心，这样就不会马虎随便、掉以轻心，而且也能自觉地克服分心现象，从而有助于克服粗心大意的毛病。

（4）适度紧张

我们很多人都会有过分松弛或者过分紧张而造成出错的体会，当情绪过分紧张，或毫不紧张时，智力操作效率都是最差的。而当情绪在中等强度的紧张状态下，智力操作效率往往是最好的。因此，保持适度的紧张情绪，也是防止粗心的有效方法。

（5）集中注意力

注意力的分配是有条件的，即在同时进行的两种活动中，其中必须有一种是我们十分熟练的。同时实行的几种活动之间的关系也很重要，如果它们之间毫无关系，则同时进行这些活动是有困难的。因此，为了克服我们粗心大意的毛病，学会把自己的注意力始终集中在所要完成的工作上，也是十分重要的。

（6）戒除粗心的习惯

我们有些人由于经常粗心大意，久而久之，便形成了粗心的习惯。在这种情况下，戒除粗心大意的习惯乃是克服粗心毛病的治本之策。

要戒除粗心的习惯首先要培养我们细心的好习惯。在工作和学习中，我们应当有意识地坚持高标准、严要求、做事讲究条理，做完之后要认真核对、验算、检查。如果我们长期这样，就会习惯成自然。另外在具体的方法上，也应有所研究，具体问题具体分析，才能让自己的粗心越来越少。

粗心好像不是一个多么难解决的问题，但是我们许多人却一犯再犯，可见知易行难确实有一定道理。所以我们千万要重视这个问题，不要让自己的心血因为粗心而白白浪费。

3. 培养严谨细心的要诀

细心在我们男人的日常生活和工作中是非常必要的。然而，如今生活节奏越来越快，做事毛躁马虎的人也越来越多，很多人还为此振振有词，认为这是自己的习惯，改不了。

事实上，细心是一种心理素质，完全可以通过有意识的培养，而逐步做到有条不紊、沉着稳当、明察秋毫。那么我们在日常生活中怎样才能做一个细心人呢？

（1）做到细心

细心作为一种个性特质，确实和我们的先天气质有密切联系，比如内向敏感的人，往往谨慎小心，但偶尔也会放不开手脚。而外向粗犷的人，做事通常洒脱自在，不拘小节，但也会粗枝大叶，马虎大意。

然而我们还有很多值得信赖的成功精英人士能够粗中有细，战略上藐视困难，战术上重视细节，因此常常能运筹帷幄，把握机遇，同时又能精耕细作，处事圆满。

从这个意义上说，细心就是一种心理素质，需要我们在实践中逐渐培养。只有努力培养细心的素质，我们才会有真正的效率，才会有可靠的安全，才会有事业的成功。

（2）稳定情绪

我们每个男人的心理能量都是有限的，如果心绪烦乱，情绪不稳，就容易涣散注意力，就很难做到全神贯注。要真正做到细心谨慎，必然要处理好自身的各种心理困惑，保持一颗平静的心，正所谓宁静致远。

（3）有责任心

任何事情，都是事在人为。同样一件事，如果我们能够敢负责任，就可能有所成就，如果我们毫不在乎，不当回事，就可能失败。

只要我们能够负起责任，油然而生一种神圣的责任感和使命感，就有可能激发我们全部的智慧，调动我们无穷的潜力。因此从这个意义上说，细心很大程度上依赖于责任心。

（4）培养兴趣

我们深知，一旦自己对于某事有了浓厚的兴趣，常能乐此不疲，流连忘返，也就能够精心钻研、细心考量。如果缺乏兴趣，就容易心猿意马、朝三暮四，难以做到持久的静心、细心，更不可能保持足够的耐心。我们理应认识到自身的优势，做自己想做又能做的事情，然后将潜力发挥到极致，才能真正变得细心。

（5）细心有度

当然，如果我们男人过分细心，就可能会造成我们的各种心理障碍。因为盲目夸大，草木皆兵，会使我们本来脆弱的神经难以驾驭，甚至面临崩溃，因而我们要把握好细心的度，做到灵活性与原则性相结合。

"千里之堤，毁于蚁穴"，粗心的习惯会带给我们无尽的烦恼。我们应当在生活中培养细心的素质，成为生活的有心人，留住更多美好瞬间。细心作为，细心行动，就会让我们收获更多成功与效益，感受更多安全与保障。

贴心小提示

作为男人，你还在粗心大意中得过且过吗？你还在为自己的不小心而付出巨大的代价吗？重要的不是在我们因为粗心而失误后悔不已，而是要从现在做起，让我们成为一个细心人，这样我们的生活才会有更多的阳光。

你在做事情前一定要先计划，并尽量考虑突发事件。这样就会减少很多粗心造成的问题。

做事情时你一定要专心，要努力做得更好。

做完某件事情，你一定要想想是否遗漏了什么，这样才能把事情做得滴水不漏。

做完事情还要详细检查，这时候一定不要放过细小的地方，越是看起来简单的地方越容易出错。

可以把比较重要的事情记下来，俗话说"好记性不如烂笔头"，我们每天要面对的事情很多，所以很容易遗忘一些重要的事情。比如你借了别人的钱，不记录，可能会忘记是不是还了。假如没有还，别人会以为你耍赖。

所以，每件事情都必须记住，这就是细心的好处。

第三章　处世有道的心理调整

世事洞明皆学问，人情练达即文章。为人处世是我们人生的必修课。我们的成功需要很多因素，学历、背景、机遇等，其中尤其不能忽视的就是我们为人处世的能力。

从一定程度上说，我们为人处世的水平，决定了我们的生活、工作、事业等诸多方面所能达到的高度。善于处世的人，无论在任何环境之下，都能怡然自得，欣欣自乐。

将好胜之心转化为谦让

老子在《道德经》中说:"上善若水,水利万物而不争。"从一定程度上说,就是告诫我们不要有太强的好胜心。一个人处处争强好胜,结果反而事与愿违。而且好胜心太强不仅容易得罪人,也会从心理上深深地折磨自己。

我们一定要有谦让的心态。谦让作为一种美德,能自然地赢得他人的尊敬。如果我们能够保持真心谦让,我们的能力会更容易被人接受。

1. 认识好胜与谦让

我们的好胜心可以说毫无意义,如果是由于我们自己能力不足而被人轻视,那么是我们自己的过错而不在别人,这种轻视是理所当然的。

如果是我们自己很有才能而别人不知道,因此被人轻视,那么错在对方而不在我们,这根本不值得怨恨。

两位才德相当的人,能够谦让的人必定是个才智出众的人。举例说,战国时期赵国上卿蔺相如以退避的方式,使廉颇负荆请罪;东汉时期的大将寇恂,坚持不与同僚贾复争斗而获得贤名。

由此可知,两位才德相等的人,如果两人争强好胜,终必使自己陷入困顿的境地。

好强争胜，表面上看起来能让我们自己得到好处，其实却是惹祸的根苗。而谦虚忍让，虽然表面上看起来是会让我们遭受损失，其实从长远来说，却会让我们得到更大的好处。

在处理人际关系时，我们必须遵循谦让的基本原则，做到不争强好胜。如果我们有了善行就夸夸其谈，有了才能就出来显摆，那一定会让人心生厌烦，因此不要自我显耀。

争强好胜只能让我们死死地陷在是非、高下、对错的泥潭里不能自拔，只能徒增烦恼，掉进是非之中。

常常反省我们自己，看看我们自己的短处，慢慢就会正确地、真实地看到别人的长处。为人处世，万万不可争强好胜、斗勇斗狠。

2．克服好胜的方法

不求进取、缺少竞争意识是不可取的，可是如果我们男人的好胜心太强，太爱出风头也不利于我们的发展，那么平时我们如何才能克服自己争强好胜的心理呢？

（1）认清危害

好胜心强会给我们男人带来很多不必要的烦恼，而且还很痛苦。别人有的东西，我们也要有。我们害怕落后，害怕别人看不起自己，我们要超过别人，成为最强的人。

可事实是我们拥有后，还是发现其他人拥有我们没有的东西，于是，我们又去争取……于是，我们落入一种怪圈，我们永远得不到满足，永远只有痛苦和折磨。

我们在这些极端的追求中已经失去了很多自由。很多时候，我们都被这些功名利禄还有物质牵着走。我们事事都要去争夺，最终使自己举步维艰，画地为牢，把自己弄得很累。

有的男人做事情时总是很在乎别人对自己的看法，害怕别人笑话自己，看不起自己。他们总是融入不了人群。因为害怕自己的一言一行会出错、出丑而被人笑话。

你要告诉自己，只要尽力就好，任何事情都要看得开。

（2）认识好胜心

要消除好胜心强的心理，首先要明白好胜心是我们每一个男人都有的自然现象。

每一个人都有好胜心，明白了这点，我们也就不会再为自己有好胜心而自责，因为它是人正常欲念的一部分。

（3）全面看待自我

看到了别人有而自己没有的东西，我们就告诉自己，其实我们有的很多东西，别人都没有，所以我们不需要去比什么，也不需要去争取什么，一切顺其自然。只要明白了这个道理，你就能够克服你的好胜心了。

（4）学会分享

我们要学会分享，因为分享才能让我们得到更多快乐。我们平时可以有意识地把自己的东西分享给朋友同事，不要总是一个人独享，这样自己的人气就会上升，也会更有人缘。

（5）进取不强求

我们男人看准了目标就要努力实现，如果失败了，我们要安慰自己，我们要为别人的胜利鼓掌，不能因为自己不如别人就破罐子破摔。

凡事有个度，要进取但不能强求，这样生活才能既快乐又有意义。有时绿叶也出色，要快乐地为别人鼓掌，以荣辱不惊的平常心态去迎接生活中的种种事情。

（6）不要弄虚作假

好胜本身是无可非议的，但是不能为取胜而采用不光明的手段，如野蛮无理、造假，甚至诬陷他人。

我们应该明白胜利来自努力，而不是别人故意让的结果。我们一定要知道，为了好胜心而利用不正当手段达到个人目的，只会让人看不起。

（7）保持立场

不争强好胜并不是说当我们涉及原则问题也不坚持、不争论，而随波逐流，刻意掩盖矛盾。面对问题，特别是在发生分歧时我们要努力寻找共同点，争取求大同存小异。

实在不能意见一致时，我们不妨冷处理，我们保留自己的意见，让争论淡化。

3. 做到谦让的要诀

谦让是一种充满智慧的处世哲学，因为谦让不仅可以化解矛盾，还体现了为人的一种风度与涵养。谦让让我们得到一种内心的平和，内心平和才会心静，心静才能生出大智慧。谦让展现出我们的气度与修养，从而会增加自己的人缘，获得更多信任与好感。那么，我们在现实生活中如何让自己做到真心的谦让呢？

（1）有大局观

我们所在的企业、集体需要协调配合才能更好地发展，我们如果处处表现出强烈的互不相让的行为，那么我们企业、集体的任何一项工作都会因为内耗而增大成本。

谦让不是让我们男人拿原则做交易，而是要始终以大局为重，当集体利益与个人利益发生矛盾时，应自觉地牺牲我们的个人利益，维护集体利益。

（2）从小事做起

谦让是我们中华民族的传统美德，我们不能只顾自己，丢弃美德。谦让体现在我们生活中的方方面面，如坐公交时自动排好队，不要争先恐后、乱挤乱拥，在车上时给老弱病小让座等。

（3）与人为善

在我们日常生活中，我们应当学会与人为善，与人和睦相处。

（4）要有恒心

谦让，是我们日常生活中的一门必修课，只要我们人人都能够学会谦让，那么我们的国家就会国泰民安、繁荣昌盛。

贴心小提示

谦让是我们男人的基本素质，具有谦让品质的人是受欢迎的人。现在看看你自己吧！你是不是一个唯我独尊、处处以个人利益为先、不会谦让的人？从现在开始学会谦让吧！你一定会有很多的朋友和欢乐。

当你走在路上，谦让一下来往行人，也是让自己与他人方便的良好表现；当你坐公交车时，谦让一下老弱病小，也是自己与他人方便的善意表现。

工作中，你可以做到谦让，在语言交流中做到谦让，在荣誉成绩面前做到谦让。

在家里，你也做到谦让，在看电视节目时做到谦让，在玩电脑时做到谦让，在争吵时做到谦让。

给人方便，与己方便。车让人，让出一份安全；车让车，让出一份秩序；人让车，让出一份文明；人让人，让出一份友爱。

不要斤斤计较。不管遇到什么事情，要多为别人着想，这样我们将会收获更多。要有一颗谦让的心，多一点谦让，坏事将会变成好事，世界会更加美好！

将狂躁之心转化为平静

狂躁症是以情感的病理性高涨为特征的一种精神疾病，常常表现为我们男人对自己评价过高，高傲自大，自命不凡，盛气凌人，不可一世。这种心理性疾病，会诱导躯体做出过分的事情，比如暴力和人身攻击等，因此具有一定的危害性。我们男人要想享受美好而幸福的生活，必须学会调适心理，将狂躁之心转化为平静。

1. 认识狂躁与平静

现代社会，我们很多男人由于生活压力大、精神负担重，容易出现狂躁的表现，如冲动、打人毁物等，对自己和别人都造成不必要的伤害。因此，我们有必要通过狂躁自测来判断一下自己是否存在狂躁倾向，以便及早采取防治措施。

狂躁病人往往兴趣广，喜热闹、交往多，主动与人亲近，与不相识的人也一见如故。与人逗乐，爱管闲事，打抱不平。凡事缺乏深思熟虑，兴之所至狂购乱买，每月工资几天一扫而光。

狂躁症容易导致我们工作、学习和家务劳动能力受损，社会交往能力也受到影响，更重要的是可能给别人造成危险或不良后果，所以我们一定要注意，尽量减小狂躁带给我们的伤害。

在避免狂躁时，要追求心灵的平静，让自己得到更多幸福。许多人都在追求心灵的平静，那么，心灵的平静有什么益处呢？

我们或许有这种体验，当自己心里烦恼时，常常会做错事情或做出不正确的决定。相反地，当我们情绪平稳、心灵平静的时候，头脑思路清晰，能做出较正确的判定。

正确的判断和决定能减少一错再错的事情发生，当我们心灵平静时，做起事情来也就能达到事半功倍的效果了。

心灵平静不但能使我们的麻烦减少，而且也能使我们心平气和的情绪表现于五官而感染他人，并使别人觉得你随和可亲。因此可说，心灵平静能使我们的人缘更好，好人缘不但会使我们和家人及朋友相处得更愉快，也使我们与同事相处得更融洽，大家共事更能互相合作。

另外，当我们没有烦恼、心灵平静时，学习东西比较容易上手。换句话说，当我们心灵平静时，就能充分地发挥我们内在的潜能，而得到意想不到的结果。

可以这么说，心灵平静能使我们过一个快乐的人生。

2. 消除狂躁的方法

狂躁症分为多种，主要包括狂躁型精神病、狂躁型抑郁症、电脑狂躁症等。狂躁症患者不仅给自己，而且给自己的家庭和朋友带来了很多麻烦，为了根除狂躁症，应该及时到正规医院进行治疗。那么我们该如何才能克服狂躁呢？

要想对症治疗，要查明病因。一般来说，狂躁症的引起主要有以下几种原因：

一是遗传因素，虽然不能说狂躁与遗传有明显的直接原因，但是统计数据显示，与遗传有一定的关系。

体质因素也与狂躁症有一定关系，循环型人格的主要特征是交际、开朗、兴趣广泛、好动、易兴奋，也较易变得忧虑多愁。

另外，精神因素对于狂躁症也有影响，狂躁抑郁性精神病的发病可能与精神刺激因素有关，但只能看作诱发因素。

3. 保持平静的要诀

现代社会人与人之间的竞争很激烈，我们在工作和生活中压力很大，心理负担很重，不知不觉形成狂躁心理，让自己的心灵得不到平静。我们只有保持平静的心，才能让自己的人生真正美好起来。那么我们如何才能永远保持平静的心态呢？

（1）凡事往好处想

狂躁症者的心胸非常狭隘，表面上似乎对什么都满不在乎，不过，一旦遇到了一点儿不如意，马上就大发雷霆、怒火中烧。要想改变这种性情，我们男人就要学做一个豁达的人，凡事多往好处想，多想一些积极的方面，这样我们就不会钻牛角尖了，自然就不会有狂躁症了。

（2）集中精力做事

有狂躁症的男人，做事情时往往心不在焉，毛毛躁躁，结果事情没做好，只会更加狂躁。所以，要想克服狂躁症，我们就要督促自己集中精力做事，在做一件事时就把全部心思都放在这件事上，即使偶尔思想开小差，我们也要努力把思想再拉回到这件事上，直至这件事结束。

（3）提高个性修养

狂躁症一旦发作，通常是控制不住的，这与我们平时的一些习惯有很大关系。所以，要想消除狂躁症，我们就要从提高自身个性修养开始，让自己养成良好的心性和品质，戒骄戒躁，让情绪总是处于一种稳定、安静的状态。这样，无论发生什么事，我们都能够平静地对待，这对改善狂躁症是很有帮助的。

（4）学会转移

想到心情不好就会心情不好，那就不要想它，如果还是想，那就让自己忙起来，让自己没有空闲去想它，让自己充实地过好每一分钟。早晨醒了后不要恋床，醒了就起来，推开窗，呼吸一下新鲜空气，放松全身，把自己想象成快乐小天使。

（5）学会放松

选择一个空气清新、四周安静、光线柔和、不受打扰并可活动自如的地方，取一个自我感觉比较舒适的姿势，站、坐或躺下。活动一下身体，做的时候速度要均匀缓慢，动作不固定，只要感到关节放开、肌肉松弛就行了。

生容易，活容易，生活却不容易。别发愁，快乐地生活吧，并不是每个人都能成功的，只要你努力对待每件事情，对生活认真一点，只要你认真对待每一天，不管你的人生怎么样，都是精彩的。加油吧！

贴心小提示

狂躁症患者除了要进行必要的治疗外，日常的饮食调理也很重要。那么，狂躁症应多吃什么，在饮食方面有什么要注意的呢？

专家表示，狂躁症应多吃什么也是因人而异的，需要根据患者的实际情况来决定。下面，推荐几种常见饮食，希望对大家有所帮助。

1. 新鲜蔬果

各种新鲜蔬果必不可少，饮食中应包含蔬菜、水果、核果、种子、豆类。全麦等谷类是很好的选择，但勿食用过多的面包。每周可吃两次鱼及火鸡等。

2. 补充营养素

专家表示，狂躁症患者应该注意补充营养素，常见的有镁、锌、维生素B群、维生素C以及不饱和脂肪酸等。

3. 保健药膳

麦苗茶：青麦苗适量，橘子皮15克，苦菜9克，大枣10枚。四味共煮，取汁，加白糖，温服，每日一剂。

木耳豆腐汤：木耳30克，豆腐3块，胡桃（去皮）7个。用水炖，连汤带渣服之。每日一剂。

将暴怒心理转变为平和

暴怒是一种心理障碍，也是我们男人的一种坏习惯，但每当不合心意、心情不佳时，它都会无法抑制地爆发。因缺乏理智而出现暴怒的行为常常引发许多悲剧。据医学专家说，这实际上也是一种心理疾病，所以必须注重心理调适。

1. 认识暴怒与平和

在远古时代，人们只求温饱，并无奢望，感情释放是无保留的，所以古人一般都比较平和。而我们现代人由于讲究生活质量和生活品位，注重外部形体容颜乃至手中权力等多方面的影响，所以更多采取压抑情感的方式，往往使情感淤积，有时便会不由自主爆发出来，成为让人畏惧的暴怒。

然而这种暴怒情绪对于我们来说，是百害而无一利的。脾气暴怒的男人不仅容易发生中风、动脉硬化，也容易发生猝死。

脾气暴怒的男性较那些脾气平和的男性更容易产生心室纤维性颤动。虽然这种症状对许多人来讲并不构成很大的威胁，但有可能增加中风的危险。

人们常说，气大伤身。所谓气大，是指我们情绪十分激动，过度生气，怒气冲天。这种情况下，大脑皮层高度兴奋，引起皮层下中枢功能失调，一些内脏的神经调节发生障碍。

同时，我们在过度生气的情况下，体内的儿茶酚胺分泌增多，导致动脉血管收缩，管腔变窄。

中医认为，怒可伤肝，怒则气上，如果太严重，甚至会让我们半身不遂。长时间生气会降低我们肌体的免疫力，得病的可能性就增大了。如果生大气，就有可能得心脑血管病，后果真的很严重。

另外，与那些脾气平和的人相比，脾气暴怒的男性发生猝死的危险高出20%。

2．消除暴怒的方法

遇事不能控制住自己火气的人，往往是缺乏为他人着想的习惯。事事爱从自己的角度考虑，从自己的感受出发，随意地表现出自己的喜怒哀乐，没有想过由此可能会给周围人带来怎样的感受，以及可能带来的不良后果。那么我们如何才能克服自己的坏脾气呢？

（1）提醒法

我们可以请自己的好朋友帮助，当自己要发脾气时，请他们及时提醒，帮你压住"火"，使自己冷静下来。

念几遍不气歌、莫恼歌，细细品味，从中受益，付诸实践。或在床头、墙上贴上"制怒"的警句，提醒自己遇事要冷静。

（2）转移法

听到什么让自己生气的事，你就左耳进右耳出，或者干脆两耳不闻，自己做自己的，以此来转移注意力。

在怒气来临之前我们要强迫自己数30下或马上把自己的注意力转移到另一件事情上去。可以自然放松3分钟，做深呼吸5次，多喝几杯水，大笑几声。

想点高兴的事，做点愉快的活动。

听听美妙的轻音乐，看看令人陶醉的图画，欣赏心旷神怡的风景，雨中漫步、花间流连、湖边钓鱼、海滨远眺，这些都能有效转移自己的暴怒。

也可以读读故事书、出门跑跑步，要不然睡一觉，醒来一切怒气都云消雾散。

（3）记录法

我们可以把每一次因一些琐事而发怒的原因和经过记在一个本子上，事后看看一定会有羞愧之感，自己都觉得好笑，没准你自己会说："真是犯不上。"以后，发脾气的次数一定会减少的。

（4）躲避法

当我们遇到要生气的事情的时候，大可不去理它，这就减少了很多暴怒的机会。举例来说，当你跟对方在沟通的时候，你发觉你开始心跳加快、肌肉紧绷，这时候你就应该要警觉到自己的状态。

如果你感觉继续谈话下去可能会让你发脾气，你就应该避开这个话题。这时候你可以跟对方说：我现在不想再谈这件事情，我们明后天找时间再来谈，我们现在情绪都不好，不要再谈了。

或者如果你已经生气了，你也可以说"今天不要再跟我讲话"，或单纯比画一个手势停止对方的谈话，然后离开。

当你不再跟对方谈话的时候，你可以去散步半小时，也可以看看电视，让自己的脑子不要再想那些事。

这些活动的主要目的就是要让你的脑子分心，不要重复地被刺激，而当你的心思不再被刺激的时候，你的情绪就会渐渐平稳下来。

（5）释放法

房子脏了要打扫，同样我们的负面情绪多了，也要懂得转移，所以要合理地释放，这个释放不是要你去乱打人，或者是强烈运动，而是找好友聊聊，把这些负面的情绪释放出来。

（6）升华法

把生气的缘由作为自己前进的动力，这应该是一个不错的方法，我们与其和别人生气，不如和自己的工作较劲，让自己的工作做得更好。

（7）自我控制法

俗话说："忍字头上一把刀。"进行自我控制，一定要有比较好的自我素养。

3. 营造平和的要诀

平和是迷人的，它带给人以信心和欢笑，让人感觉不到一丝忧郁和悲哀，感受到的只有美好生活带来的顺心如意，其实平和是可以营造的，有几条建议不妨试一试：

（1）对自己不苛求

有些男人把自己的目标定得太高，对自己所做的事情要求十全十美，往往因为小小的瑕疵而自责、暴怒不已，结果受害的还是自己。

为了避免由挫折感引发的暴怒，我们应该把目标和要求定在自己能力范围之内，懂得欣赏自己已取得的成就，心情就会舒畅。

我们不要指望用金钱买到平和。人们赚取金钱的实际数量对平和快乐并无多大影响，关键是对自己的收入是否感到心满意足。珍惜每一时刻。平和快乐来自每天发生的一件件小事，而不是源于偶尔的几件带来好运的大事。

（2）不要处处与人争斗

有些人心理不平衡，处处与人争斗，使得自己经常处于紧张状态。其实，人与人之间应和谐相处，只要你不敌视别人，别人就不会与你为敌。

（3）对亲人期望不要过高

妻子盼丈夫飞黄腾达，父母希望儿女成龙成凤，当对方不能满足自己的期望时，便大失所望。其实，我们每个人都有自己的生活道路，何必要求别人迎合自己。

（4）适当让步

处理工作和生活中的一些问题，只要大前提不受影响，在非原则问题方面我们无须过分坚持，适当让步，从而减少自己的烦恼。

（5）找人倾诉烦恼

生活中有烦恼很正常，我们把所有的烦恼都闷在心里，只会让自己抑郁苦闷，有害身心健康。如果把内心的烦恼向知己好友倾诉，心情会顿感舒畅。

（6）三思而后行

思什么？思前因、后果和方法。冲动情绪往往是由于对事物及其利弊关系缺乏周密思考而引起的，我们在遇到与自己的主观意向发生冲突的事情时，若能先冷静想一想，不仓促行事，情绪也就冲动不起来了。

总之，在生活中，我们男人要学会原谅自己，也要学会原谅别人，别用自己的过错来折磨自己，也别用别人的过错来惩罚自己。我们每个人都应该心平气和地度过自己的一生。

贴心小提示

如果长时间暴怒、生闷气，会给你的身心带来很大危害，下面的一些方法可以将危害降到最低，你不妨一试！

遇到不开心的事，可以做深吸气，双手平举，来调节身体状态，把毒素排出体外。

暴怒时还会引起你的交感神经兴奋，并直接作用于心脏和血管上，使胃肠中的血流量减少，蠕动减慢，食欲变差，严重时还会引起胃溃疡。建议每天多按摩胃部，缓解不适。

暴怒时大量的血液冲向你的大脑和面部，会使供应心脏的血液减少而造成心肌缺氧。心脏为了满足身体需要，只好加倍工作，于是心跳更加不规律，也就更致命。建议尽量微笑，并回忆愉快的事，可以令心脏跳动恢复节奏，血液流动趋于均匀。

暴怒时，我们人体会分泌一种叫儿茶酚胺的物质，作用于中枢神经系统，使血糖升高，脂肪酸分解加强，血液和肝细胞内的毒素相应增加。建议在生气时喝杯水，因为水能促进体内的游离脂肪酸排出，减少毒性。

情绪冲动时，呼吸会急促，甚至出现过度换气的现象。肺泡不停扩张，没时间收缩，也就得不到应有的放松和休息，从而危害肺的健康。建议专注、深而缓慢地呼吸5次，让肺泡得到休息。

将自大心理转变为谦逊

自大是一种浅薄的心理，其特征是看不起别人，置别人的成绩于不顾，贬他人的才干如草芥。当别人取得一些成绩时，他的心理便会失去平衡。

当自大占据我们男人心灵的时候，我们往往身处险峰而高视阔步，只谓天风爽，不见峡谷深，从而会失去理智，陷入逆境。所以我们必须学会谦虚，敢于接受批评，并虚心向人请教，这样才能让自己不断进步，从而更好地成就自己的事业。

1. 认识自大与谦逊

自大往往让我们表现得很无知浅薄，除了让人轻视外，不可能得到任何好处。

现实生活中我们许多男人都多多少少存在着这样一种自大心理，我们常常对自我过高地评价，以致形成虚妄的判定。

自大的害处很多，会让人变得盲目，变得无知。骄傲会让我们看不到眼前一直向前延伸的道路，让我们觉得自己已经到达山峰的顶点，再也没有爬升的余地，而实际上我们可能正在山脚徘徊。所以说，骄傲是阻碍我们进步的大敌。

三国时候，祢衡很有才，在社会上很有名气，不过，他除了自己，任何人都不放在眼里。容不得别人，别人自然也容不得他。因此，他被黄祖杀害。祢衡短短一生未经军国大事，是什么样的人很难断定。在这方面，即使他是天才，傲慢也必招来杀身之祸。

关羽大意失荆州，同样是历史上以傲致败最经典的一个故事。其一生忠义，几近完人，只为一个"傲"字，失地断头。

相反，为人谦虚、处事谨慎、戒骄勿躁，是追求个人修身养性、为人处世之道的非常重要的组成部分。

谦逊如那偏僻山崖中的泉眼，所有的崇高美德都是由此潺潺流出的。

谦逊对于优点犹如图画中的阴影，会使之更加有力更加突出。对上级谦恭是本分，对平辈谦逊是和善，对下级谦逊是高贵，对所有的人谦逊是安全。

真正的虚心，是自己毫无成见，思想完全解放，不受任何束缚，对一切采取实事求是的态度，具体分析情况，对于任何方面反映的意见都要加以考虑。

2. 消除自大的方法

我们男人平时要多注意自己的言行，如果我们有了盲目自大的心理，要及时将自己从自以为是的陷阱中拉出来，并且重新学习与人相处。那么我们如何消除狂妄自大的心理呢？

（1）认清原因

认清原因，我们才能对症治疗。首先自大心理往往与我们自我意识发展的特点有关。我们有些人对认识和评价自我充满了浓厚的兴趣和急迫感，自我认识和评价的水平大为提高，但自我认识和评价的客观性与正确性尚不够，还存在一定程度的盲目性，因此会让我们产生自大心理。

随着我们男人独立意识、自尊心的发展，常常会导致一种不必要的自负心理。于是自吹自擂、老子天下第一等言行和心理，便在我们身上表现出来了。

自大心理也可能与我们的家庭背景有关。比如我们读书时的成绩好，初入社会的顺利，家人对我们的要求又百依百顺，使我们不知不觉形成了事事以自我为中心，养成了一种不懂得迁就别人及完全不能容忍挫折的性格。

（2）调整动机

达到或超过优异标准的愿望，使我们个人认真地去完成自己认为重要或者有价值的工作，并欲达到某种理想地步的一种内在推动力量，正是成就动机推动人们在各种行业里奋发图强。我们一定要学会实事求是地评价自己的能力和知识水平，定出符合自己实际能力的奋斗目标。

（3）善于学习

我们男人要虚心地取人之长，补己之短。诚然，谁都不可能成为无所不能、万事皆通的全才，然而，只要虚心地向别人学习，善于把别人的长处变成自己的长处，那么他必定会越来越聪明、越来越进步。

3. 培养谦逊的美德

人生在世，我们男人要谦虚一些、谨慎一些，多一点自知之明为好。我们可以看看那些科学家、艺术大师们，他们当中，绝少有人因为自己具有足够资本而狂一狂的。他们是非常自知而又非常谦虚的。所以，我们的行动准则应是谦逊而不是自大。那么，我们在克服自大心理的同时，如何培养自己谦逊的美德呢？

（1）照镜子，认清自己

有些人总认为道理总是自己的对，文章总是自己的好，品格也总是自己的高，小的优点放得特别大，大的弱点缩得特别小。

自视高，旁人如果看自己没有那么高，我们的自尊心就遭受了打击，心中就结下深仇大恨。这种毛病在旁人，我们就马上看出，在自己，我们却熟视无睹。所以我们要经常照镜子。我们如果认清了世界，认清了人性，自然也就会认清我们自己。

（2）分功他人

我们谦虚并不意味着我们不肯定成绩，而在对成绩有一个清醒的认识，尤其不要忽视他人的努力及帮助。

许多科学家正是在取得成就的时候，念念不忘前人给予的启示，不但无损于自己做出的贡献，反而使其辉煌业绩与谦虚美德交相辉映，从而赢得了人们的崇敬。

（3）侧重法

有时候，我们为了说明自己取得某些成就或者胜任某项工作，不免要对自身因素做出评判，如品德、才智、思维方式、心理素质、努力等。我们在对自己所取得的成绩进行评价时，不妨强调一下自己所付出的努力，而不是炫耀自己的才能，这一定会得到更多人的尊敬。

（4）对比法

谦虚是我们男人积极的人生态度，其特点是朝前看、朝上看，在广泛对比中关注的是他人的长处、强者的水平、未来的需要，因而总能找到自己的不足，在成绩面前不骄不躁，保持永不满足的进取心。

（5）冲淡法

有时候，他人对我们的称赞恰如其分，若否定则有悖于事实，若肯定则有沾沾自喜之嫌，不妨采用自嘲、夸张、巧辩等形式，将对方的称赞加以冲淡、化解或变换，从而达到调侃得随意、谦虚得别致的境界。

谦虚的方法还有很多，可以说，谦虚是一门大学问，领悟了它，就获得了动力、魅力、合力，就能在平凡人生中构筑起一道美丽的风景。

贴心小提示

如果你能从内心深处认识到自己的不足，能看到别人的优点，自然就能做到谦虚！

你会觉得：他那样的优点，是我做不到的，很佩服！因此你说话自然客气，礼貌，懂得尊重人。

而且这样的谦逊也会显得非常真诚自然，毫不做作，不会让你觉得自己在故意谦逊。

老觉得自己优点多,那就危险了。明白自己的优点是好事情,可是明白自己的缺点更重要,要能真正看到别人的优点、特色、性格特点、为人方式,才能真正做个明白人。做事明白,待人接物也就有分寸而且得体了!

将贪婪心理变为知足

"贪婪"是指一个人贪得无厌之心,即对与自己的力量不相称的某一目标过分的欲求。与正常的欲望相比,贪婪没有满足的时候,是一种非常危险的心理。当我们贪婪的欲望之火被点燃后,烦恼也会来敲打你的心门了。因此我们要学会知足,如此,人生才会更幸福,人生才会更有意义。

1. 认识贪婪与知足

俗话说:"贪心图发财,短命多祸灾。"心地善良、胸襟开阔才是我们每一个人应有的良好品性,才是我们的健康长寿之本。如果我们一味贪图小便宜,终究是要吃大亏的。

有的人人际关系一次用完,做生意一次赚足,他们以为自己这样做很聪明,殊不知这都是在断自己的路。

贪婪是致命的人性弱点,也是一大忌,因为它足以摧毁一个人。

我们不想自己随波逐流,那么我们必须有一颗平和知足的心,能够在清贫中守住自己,也能够安贫乐道,随遇而安。

欲望的永不满足诱惑着我们追求物欲的最高享受,然而过度地追逐利益往往会使我们迷失生活的方向,因此,凡事适可而止,我们才能把握好自己的人生方向。

大千世界,诱惑太多,如果我们什么都想要,会非常累,该放就放,你会轻松快乐一生。贪婪的人往往很容易被事物的表面现象所迷惑，甚至难以自拔，事过境迁，后悔晚矣。

2. 打消贪婪的念头

贪婪是一种顽疾，我们极易成为它的奴隶，变得越来越贪婪。人的欲念无止境，当得到不少时，仍指望得到更多。一个贪求厚利、永不知足的人，等于是在愚弄自己。贪婪并非遗传所致，是个人在后天社会环境中受病态文化的影响，形成自私、攫取、不满足的价值观而出现的不正常的行为表现。只要有心克服，就一定能够做到。我们该如何才能打消自己的贪婪之念呢？

（1）认清危害

贪婪是一种过分的欲望，如果我们不加克服、任其滋长，最终的结果必然害人害己。

有的人唯利是图，见利忘义，利用一切手段索取钱财。有些人为了出人头地，拼命地往上爬，或诬陷他人以表现自己。这都是贪婪心理在作祟。

我们要知道，这些行为都是让人们不齿的行为，你可能一时得逞，但是害人者必害己，这是千古不变的真理，认清了贪婪的危害，我们就要下决心克服它。

（2）自我抑制法

最好的方法就是我们进行自我控制。控制好自己的贪念，首先要正确认识自己的贪婪心理，知道哪些是正常的需求、哪些是贪婪的欲望。

然后我们要对自己的贪婪进行冷静的分析，比如认定其是由于什么样的心理造成的，是由于过分的补偿心理、侥幸心理还是攀比心理，是不是自己的价值观本来就有待改正。

认清楚这些事实，改正这些不良心理就能够从根源上消除贪婪心理了。

（3）自警法

可以通过许多途径来做到自我警醒。一些古往今来的名言、警句可以帮助自己起到警示作用，好人好事、社会上弘扬的无私精神，也可以起到很大的激励作用和示范作用。

古往今来，仁人贤士们对于贪婪之人都是非常鄙视的。他们撰文作诗，鞭挞或讽刺那些向国家和人民索取财物的不义行为。陈毅的《感事书怀·七古·手莫伸》，许多人耳熟能详。其中写道：手莫伸，伸手必被捉。党和人民在监督，万目睽睽难逃脱。

如果我们想消除贪婪心理，不妨将此类诗歌警句裱成堂幅，悬挂室内，朝夕自警。

（4）二十问法

这是一种自我反思法，我们可以自己在纸上连续20次用笔回答"我喜欢……"这个问题。

回答时应不假思索，限时20秒时，例如，我们在纸上连续写下，"我喜欢钱""我喜欢很多的钱""我喜欢自己是个有钱人""我喜欢有许多财富""我喜欢过有钱的生活"等。

写完之后，我们再思考一下，自己对钱是否有一些过分的欲望，为什么许多举动都与谋钱有关，接着往下想，我们的生活离不开钱，但这钱应来得正，不能取不义之财。

另外，钱是我们的身外之物，生不能带来，死不能带走，贪婪之心最终会阻碍自己的发展。

最后，还要分析自己贪婪的原因是有攀比、补偿、侥幸的心理呢？还是缺乏正确的人生观、价值观呢？分析清楚后，便下定决心，堂堂正正做人，改掉贪婪的恶习。

（5）知足常乐法

要想活得快乐，我们就要懂得知足。知足便不会有非分之想，常乐也就能保持心理平衡了。

一个人对生活的期望不要过高，虽然谁都会有些需求与欲望，但这要与自己的能力及社会条件相符合。快乐的生活不是大量的金钱、很高的地位，这些都只是身外之物而已，真正的快乐来自内心，只要懂得知足，快乐就会来到你的身边。

我们每个人的生活有欢乐，也有失望，不能攀比。心理调适的最好办法就是做到知足常乐，知足，就不会有太多的欲望、贪婪的心理和这样那样的非分之想。

3．做到知足的要诀

在生活中，我们必须学会知足常乐。我们该如何让自己知足呢？

（1）自得其乐

知足是一种美德和智慧，面对各种压力，我们要正视压力，学会自我化解，自我释放，学会苦中寻乐，进而自得其乐。

因为知足，我们会自觉珍惜，并倍加珍惜我们今天拥有的一切，从而更好地把握现在，把握未来。

因为知足，我们会更坦然地面对竞争，在权、钱、色面前心静神定，在义利的天平上摆准砝码，做到有所求有所不求，有所为有所不为，能为则为，不能为则不为。

因为知足，我们会超然洒脱，不必奉承拍马，阿谀应对，更不必做蝇营狗苟之事。

也因为知足，我们会懂得许多生活的情趣，从许多不经意的小事中获得美的享受。挥毫泼墨，泛舟江湖，棋盘纹枰，浇花种竹，怡然自乐。

（2）自娱自乐

尽管我们平时的工作繁忙，但要学会从百忙之中挤出宝贵的时间来，在工作之余尽情地自娱自乐。

如果你喜爱运动，那就去体育场上挥洒汗水；假如你喜爱音乐，去卡拉OK潇洒一回；倘若你喜爱棋牌，去棋牌室里寻找对手；要是你喜爱倾诉，去找自己的知己或者上网聊天。

因为人总有对某一事物厌倦的时候，多种兴趣爱好交替进行，既能减少厌倦，又能增长知识，提高自身的综合素质，何乐而不为呢？

（3）助人为乐

理性的思考、平和的心态和兴趣的多元化，可以慢慢消除自我心中的压力。我们要学会换位思考，学会关心、帮助他人，学会移情战术。

只有这样，才能设身处地地站在他人的角度，理解他人的苦衷，欣赏他人的亮点，赞美他人的成绩，在赏识、帮助他人的同时愉悦自己的身心，丰富自己的感情。

为他人着想，我们就会自然地表现出友善和愉悦，可以让我们感受到帮助他人的快乐。

贴心小提示

作为男人的你知道快乐的源泉是什么吗？金钱？美女？不，朋友，现在让我来告诉你吧！那就是知足。

我们倡导知足常乐，同时也要积极地理解知足常乐。知足常乐不能成为意志消沉、不求上进的遁词。

知足常乐是在任何境遇中都能保持一种平和心态，也就是古人说的宠辱不惊。

知足并不代表享乐，幸福也不是无所事事，真正无所事事的人，会觉得无聊、空虚、寂寞，一点都不快乐，一点都不幸福。

我们要珍惜拥有现在的生活，我们要知足，要知道珍惜现在拥有的一切。

把自恋心理转变为自爱

自恋是人性中广泛存在的现象，但总的来说，自恋心理是一种不成熟的表现。自恋者自我欣赏，又很在乎别人是否关注自己，并且期望得到别人的认同或赞美，但因为缺少与他人平等相处、沟通的能力，所以活得很累。

而自爱则是我们将自己放在整个社会当中，努力不断地完善自我，通过正确的方法来爱护自己。这是我们的一种良好、积极的动态，是成熟的表现。所以我们要告别自恋，学会自爱。

1. 辩证地看待自恋与自爱

自恋，即恋慕自己，看自己一切都是好的，对自己充满了怜惜，我们通常把此类人称为自恋狂。

不可否认，我们每个人多多少少都有点自恋的倾向，毕竟，懂得欣赏自己也是一种美好的品格。如艺术家在某种程度上的自恋，有时候不仅不是问题，反而可以增加个人魅力。但适度很重要，自恋就像炒菜用的盐，少了则淡而无味，多了便难以入口。所以我们要辩证地看待它。

有的男人喜欢把自恋的价值定位在外在的、透过感官可以触摸到的东西。因为我们过多地活在了自己的情感世界中，而与外界保持着冷淡的关系，同样，我们也会对旁人的感受或痛苦视若无睹，这就是过分自恋者的特征了。

过度自恋的男人往往自认为英俊潇洒，随处照镜子，借着车窗照，对着电梯里的镜子照。自恋使男人只盯着自己脚尖上的灰尘，完全忽略了周围的世界。

　　虽然我们都应该爱自己，但是爱得过了火就危险了。过分自恋，其实与自私无异。凡事看到的都是自己，渐渐整个世界也都变成了自己一个人的了。

　　在自恋心态的支配下，我们没有全身心地释放自我，真正地做自己，又因为缺少与他人的沟通，总是对人有期待，必然会活得很累。

　　自恋者只会寻找跟自己类似的人做配偶，无论他们跟什么人在一起，永远是他们自己。一旦配偶在某个地方跟他们有较为明显的不同或相反，他们就会很失望。

　　所以自恋者会经常失恋，无论是主动离弃配偶还是被配偶抛弃。自恋狂很难与除了自己以外的其他人维持一段相对正常的情侣关系。

　　而我们自爱的人不一样，自爱者比较喜欢配偶互补，但也不排除和接近的人在一起。

　　我们自爱的人对待感情的态度是理智的，我们尊重配偶的意愿和选择，不盲从也不抗拒对方和自己截然不同的习惯，就算双方有矛盾，也能找到调和的办法。而不是像自恋狂那样一遇到问题就回避，或者离开甚至人间蒸发。我们自爱的人不会对自己过分溺爱，更不会自负。我们懂得要怎样关心自己，因此，不会过分地强求自己去做办不到的事。

　　我们自爱的人总是广施爱心，不但懂得爱自己，也关心自己周围的人。我们待人处世很成熟，却不乏小孩子的天真。我们总是尽心尽力地把自己分内的事做好，因此，我们很自信。我们不做有损于自己名誉的事情，因为我们有自尊。

世界如此美丽可爱，我们为什么不懂得珍惜享受呢？为什么不学会做自爱的主人，而选择做自恋的仆人，让其在我们身上恣意横行，践踏我们的生命呢？

愿自恋离我远去，自爱归来，更愿所有的人，都懂得自爱，拥抱自爱。

2．消除自恋的方法

男人自恋者由于不能从自我中走出来，因此一直处于一种极度自私的状态，这样不仅会危害自己，甚至还会影响别人。那我们该如何消除自恋呢？

（1）努力工作

我们必须努力工作，以取得成绩来吸引别人的关注与赞美。

（2）不嫉妒别人

每个人都有属于自己的好东西，我们要争取我们应得到的，但不嫉妒别人。

（3）请人监督

我们还可以请一位亲近的人作为监督者，一旦出现以自我为中心的行为，便给予警告和提示，督促并及时改正。

（4）不挑剔

假如我们一直非常挑剔，拒绝融入外部世界，就会转回自恋状态。我们可以尝试着把专注的目光从自己身上移开，去关注离自己最近的人。

（5）学会欣赏

我们要以一种欣赏的眼光看待这个世界，甚至连别人幼稚的或愚蠢的举动都学会欣赏，作为一个欣赏者，你的心情会非常好。

你在一个无名的地方看见一朵无名的花开了，你觉得很美，在你的世界里就只有那样的美而没有了自己。当我们的注意力被外部世界吸引，我们会发现自恋不自觉地融化了，甚至不存在什么自我。病态的自恋，正悄悄地从我们的身边走开。

（6）自我分析

我们男人可以尝试做一个自我分析，最简单的办法就是列出自己的性格优势及劣势，同时列出与自己的性格相关的真实事件。假如我们的自我分析中只有优势、只有成功，肯定是自己在骗自己。

一份真实的自我分析可以帮我们打碎自恋的幻觉镜子，我们并不像自己想象的那么完美，甚至有好些行为连自己都无法忍受，这样我们还会自恋吗？

3. 学会自爱的要诀

我们爱自己没有错，但是真正懂得欣赏自己爱自己的心理是自爱而不是自恋。自爱是一种内省的智慧，它让我们明白自己的内在世界，分享自己的感受，也用心去感受周围的一切。最重要的是我们因自爱才能对人尊重、关怀，才能设身处地看待人。那么我们平时该如何做到自爱呢？

（1）从现在做起

"不，我不想再亲密地接触女人。"许多男人在心里嘶喊着。恐惧爱，远离爱，可是他们心中很渴望爱，充满了自我矛盾。

于是我们用事业做填补。虽然事业成功了，但我们心里依然饥渴着，直到我们没有爱的能力时，便开始爱的掠夺，于是失望、不满意、愤怒。

让我们从现在就开始医治那份痛吧！去找心理医生，去寻找爱自己的方法。让心中惴惴不安的小鼓消失，让安全与爱从心中重新升起。

（2）敞开胸怀

敞开我们的胸怀，使自己能感受周围和自身的一切，从而愿意接受自己所做的一切。现在说出我们自己受感动的东西，说出自己觉得重要的东西，使自己越来越为自己和别人所看见。

（3）学会爱人

让我们做一个有爱心的人，不仅爱自己，也要爱别人。如果我们一味地要求别人爱自己，是自私而无法得到别人认同的。

总之，自爱是对生命的敬畏和珍惜，使人看重自己，珍惜自己，珍惜每一个学习机会，努力充实自己，追求知识，发展自己自爱的人，能真正面对自己，并且在自爱中也爱别人。

贴心小提示

告别自恋，学会自爱不是一天两天的事，不过只要你能够真正掌握技巧，成功就不会远。现在告诉你一个好的方法吧！

这个方法就是归零策略，即你在适当的时候把自己归零，让自己回归到零状态，这样你永远都不会自满，当然也就不会自恋了。对于我们来说，每一天都是一个全新的开始。

你是一个高级职员，在你的职位上做出的业绩都写在了功劳簿上，可是你被提升成经理，在心态上就有必要归零。

你会说"我很优秀"，也没有人不承认你优秀，你的优秀是"蚂蚁"的优秀，你战胜了诸多"蚂蚁"脱颖而出，你已经进化成"大象"，现在跟你站在同一起跑线上的都是"大象"，所以你没必要自恋，只能从零开始。

在公司你是董事长，假如你把董事长的气质行为带回家里，你会指望自己的妻子立正鼓掌喊一声"董事长"吗？你会说这没有必要，可是你的自恋心理决定了你还是董事长而不是一个丈夫。你跟自己的妻子说话的时候就像与客户谈判，自己的判断绝不容许她质疑，或者只强调结果而不容许她解释，你还在自恋中。

通过努力，相信你的自恋会慢慢消除，让我们一起来迎接一个全新的自己吧！

正确认知宅男意识

"宅男"是网络时代新兴起的一个词，是指痴迷于某事物，依赖电脑与网络，每天憋在屋子里，厌恶上班或上学的一类人。在现代大学生中较为普遍。他们的特点是足不出户，与外界交往不多，由于常常封闭自我，所以容易出现许多问题。

1. 了解宅男的特征

宅男作为一个新兴的文化群体，有许多独有的特征。具体来说都有哪些呢？

（1）不喜欢外出

真的宅男都是自食其力的，也正是出于对业余爱好的疯狂痴迷，宅男才必须无奈地忍受出门工作的烦恼，即便不出门，也必定有带来收入的自由职业或者一笔自己挣来的积蓄维系生活。

（2）执着于自己的专注

宅男对自己专注的事物很执着，但执着的对象并不局限于个人喜好。他们对自己专注的事物往往投入超乎常人想象的精力、财力，且他们的个人喜好不局限于一种。可以说，执着是宅男固有的态度，所以宅男喜欢钻研，有时候吹毛求疵到了令人咋舌的地步。

（3）为人低调内敛

宅男大多沉默寡言，不屑交际，活在自己的世界里不想走出来。即使说话也尽量缩短耗时,反正是能不张嘴就尽量闭着。

(4)时间观念淡薄

宅男待在自己的房间里,时常因为醉心于手头的事情而忘记时间。对于宅男来说,有精神的时候就是白天,不得不睡觉的时候就是晚上,颠来倒去,几乎没有日与夜的概念。

因为作息时间毫无规律可言,所以迟到是家常便饭。但在虚拟世界里,对于时间的把握能力却令人难望项背,甚至可以说出一集动画哪一秒是什么台词,还有对游戏的操控可以精确到帧。

2. 认识宅男背后隐藏的问题

无论是生活娱乐全部在家里进行的宅男一族,还是在家办公的宅男一族,在外人眼里看来都是活得比较潇洒的。可是潇洒滋润的日子背后,隐藏了被人忽视的问题。这些问题都有哪些呢?

(1)电脑辐射

我们普通大众早已离不开电脑,对于宅男来说,电脑更是生活的必需品,每天亲密接触8小时以上的宅男们都可能会面临电脑辐射导致的失眠、易怒、颓废、免疫力下降等问题。

(2)熬夜费神

即使人人都知道熬夜有害健康,但是宅男往往想着自己年轻体壮,于是随心所欲地熬夜也就成了家常便饭。日复一日年复一年,熊猫眼已然成为宅男们的一种时尚。

(3)久坐伤身

宅男,突出了一个"宅"字,既然天天闷在家里,每天吃快餐或垃圾食品,而且很少运动,要当心,前列腺疾病会找上你!另外专家指出,这种生活方式会使人体气血不畅,代谢下降,各种疾病提前报到。

（4）引发自闭

一项调查显示，随着信息技术的发展，越来越多的宅男因为过分依赖网络所形成的虚拟世界，正逐渐脱离现实世界，甚至出现新型自闭。专家提醒，宅男族可能会退化基本社交技能，甚至会患上电脑自闭，导致心理障碍。

（5）思想小众化

宅男和普通人的世界观有些不一样。会经常说一些普通人听不懂的词语，穿一些普通人没见过的衣服，让大众用看外星人的目光来围观他们。

（6）人生危机

宅男在内心对现实中生活的重视度很低，柴米油盐酱醋茶等日常琐事自然得过且过，只要不出门平时就让自己邋遢得不能见人。所以，随着时间的推移，我们很快就会变成剩男。

3．改变宅男意识

我们宅在家里，不一定就非要成为宅男，最起码我们不能因为宅而影响自己的健康。我们该如何做呢？

（1）认清危害

首先我们要意识到宅男生活是不健康的，长此以往，这种生活会影响自己的工作效率和身体健康。

（2）提高心理素质

我们应当多参加一些社交活动，要在现实的正常社会生活过程中提升自我，增强自信，实现自我价值。

（3）自我保健

我们要注意坐姿端正，防止脊柱变形与驼背，眼睛与屏幕应保持一定的距离，使双眼平视或轻度向下注视荧光屏。

我们一定要注意劳逸结合，特别是在连续玩电脑一小时后应该休息10分钟左右，适当活动筋骨，放松颈肩肌肉，可以多饮些具有抗辐射作用的绿茶。

我们在操作完电脑后要彻底清洁面部，预防吸附在脸上的灰尘引起小痘痘，注意增加皮肤水分，每天还要保证充足饮水。

贴心小提示

你是不是一个宅男呢？看完下面的内容，就知道自己是不是一个宅男了。

一段时间不能用电脑将会很难受。

干什么都想上网，上网又没事做，经常挂在网上面。

有时候会很厌恶上学、上班，极度讨厌，但却没有办法。

没有一个规律的作息时间。

与其出门，不如待在家里。参加一个活动往往会花很多时间考虑。

不喜欢在现实中接触陌生人，看到陌生人会感到恐惧。

在不喜欢的事情面前会掩饰自己内心的想法，得过且过。有时候感觉自己有双重性格。

喜欢收藏一种或多种物品，并乐此不疲。

一般情况下是独身。

喜欢写日志或日记，或用相片记录自己的生活。

有喜欢虚拟人物的倾向，比如漫画里的角色、书本里的角色等非现实生活中的人物。

常常会有一只宠物。

第四章　从容社交的心理态势

　　社交心理就是指人与人交往中的心理变化以及在社交中人的思维惯性。也叫社会交往心理学。

　　社交心理是我们在社会活动中的一种基本心理和行为。社会交往就其本身而言，不仅是一项重要的社会实践活动，而且还是从事其他社会活动的基础和前提。因此，社会交往不仅具有普遍性和广泛性的特征，它还能体现一个人的素质和能力。

将偏执心理转变为通达

偏执是指人的一种病态观念或妄想,其行为特点常常表现为:极度地感觉过敏,对侮辱和伤害耿耿于怀;思想行为固执死板。持这种心理的人在家难以和睦,在外也很难与朋友、同事相处融洽,别人对其敬而远之。所以善于调整并改变偏执心理对一个人的人生十分重要。

1. 认识偏执与通达

偏执是一种不良性格,表现的程度可能不一样,但是对人对己都是有害的,所以我们要认清偏执,认真克服。如何看出我们是不是有偏执的表现和行为呢?

偏执表现在我们身上,比如过于自尊和自负,常常固执己见,独断专行,喜欢挑别人的"刺",对人苛刻不宽容,总是抱怨和指责别人,和别人经常发生争吵、争辩。

或者过于敏感,多疑又多心,常将他人无意的、非恶意的甚至友好的行为误解为敌意或歧视,或无足够根据,怀疑会被人利用或伤害,因而过分警惕与防卫。

偏执的人容易激动,喜欢钻牛角尖,看问题偏激。由于认知的片面性，平时难以感知和反映事物的真实性，所以一遭到别人的反驳就激动不已，指责别人，甚至对人采取报复行动。

偏执让我们不能正确、客观地分析形势，有问题易从个人感情出发，主观片面性大，如果建立家庭，常会怀疑自己的配偶不忠。

如果这些症状我们大部分都具有，那么我们很可能已经受到偏执的困扰了。我们应该及时纠正自己的偏执心理，让自己通达起来。

老子说："无执，故无失。"意思是不固执某种观念或主张，也就不会在这种观念或主张上失败。无执无失就是通达大度，具有宽容精神。

让我们告别偏执心理，变得通达起来吧！

2．改变偏执的心理

如果我们男人有了偏执心理，就会产生一系列问题。所以，改变偏执的不良性格是非常必要的。在改变偏执的过程中，我们平时应该如何做呢？

（1）提高认知

首先我们要多了解偏执人格障碍的性质、特点、危害性及纠正方法，争取对自己的心理问题有一个正确、客观的认识，并自觉自愿产生要求改变自身人格缺陷的愿望。

（2）正视自己

发现自己有偏执倾向的人，要认真反省自己，是否过于自尊，是否轻易地批评别人或否定别人的意见，是否对别人都加以戒备和猜疑，是否对人冷漠。如果确实如此，应需加强自我修养，正视自己的偏执性格及其危害，下决心克服和矫正。

（3）以诚交友

我们必须采取诚心诚意、肝胆相照的态度积极地交友。要相信大多数人是友好的和比较好的、可以信赖的,不应该对朋友,尤其是知心朋友存有偏见和不信任态度。

我们必须明确,自己交友的目的在于克服偏执心理,寻求友谊和帮助,交流思想感情,消除心理障碍。

(4) 主动帮助朋友

主动帮助朋友,有助于我们以心换心,取得对方的信任和巩固友谊。尤其当朋友有困难时,更应鼎力相助,患难中见真情,这样才能取得朋友的信赖和增进友谊。

(5) 改变非理性观念

偏执的人都喜欢走极端,这与其头脑里的非理性观念相关联。因此,要改变偏执行为,必须分析自己的非理性观念。

例如,一些男人不能容忍别人一丝一毫的不忠,认为世上没有好人,能相信的只有自己。

我们要改变观念,我们要知道,自己不是说一不二的君王,别人偶尔的不忠应该原谅。世上好人和坏人都存有,我们应该相信世上还是好人多。

每当我们故态复萌时,就应该把改变过的合理化观念默念一遍,以此来阻止自己的偏激行为。有时自己不知不觉表现出了偏激行为,事后应重新分析当时的想法,找出当时的非理性观念,然后加以改造,以防下次再犯。

(6) 经常提醒自己

事先自我提醒和警告,处世待人时注意纠正,这样会明显减少我们的敌意心理和强烈的情绪反应。

(7) 学会忍让

生活在复杂的大千世界中,冲突、纠纷和摩擦是难免的,我们必须学会忍让和克制，不能让怒火烧得自己晕头转向，肝火旺旺。

3．做到通达的要诀

通达也就是通情达理。很多人，只认自己的理，而不认他人的理。那么我们平时该如何才能真正做到通达呢？

（1）坦承

沟通时，首先要让对方感受到自己的坦承，从而让对方也敢于表达内心真实的想法，哪怕是反对意见。如果对方把反对意见藏在心里不说出来，就不坦承。

（2）接纳对方

无论对方产生什么情绪，我们都应先接纳理解，情绪没有对错，只有接纳和理解，只有通了这个情，才有可能达到那个理。

（3）允许不同意见

当对方提出反对意见时，我们不要急于讲出自己的道理，试图说服对方，而是要相信对方一定有他的道理，不妨请他说出来。

（4）共同探讨

听完对方的话之后，我们可以给予理解，继而共同探询，同时把自己的想法说出来，也许对方心悦诚服地接受了你的意见，也许，你们会综合双方的想法找到第三个方案。

总之，沟通得好坏的判断标准是，双方是否心悦诚服地达成一致。

贴心小提示

现实生活中有许多固执的人，但固执不同于偏执。适当的固执，为人平添一份可爱的原则美，而偏执往往容易把人生打成死结，伤害自己，也伤害他人。下面是一个检查偏执程度的小测试，快来检查一下你的情绪是否"过了火"！

对别人求全责备。

责怪别人制造麻烦。

感到大多数人不可信。

产生一些别人没有的想法和念头。

自己不能控制发脾气。

感到别人不理解你、不同情你。

认为别人对你的成绩没有做出恰当的评价。

认为别人想占你便宜。

上面这些项每项5个分值，如果没有症状得1分，症状很轻得2分，症状中等得3分，症状偏重得4分，症状严重得5分。

10分以下，没有偏执情况，恭喜你，你是个心平气和的可爱人。

15～24分，可能存在一定程度的偏执，如果总觉得环境不顺心，要注意警惕原因是不是在自己身上。

25分以上，说明你有偏执的症状，要学会控制情绪，不要"走火"，另外，建议你遇到障碍时向心理医生求助。

将孤僻心理转变为开朗

孤僻是指因缺乏与人交流而产生的孤独、寂寞的情绪体验。也就是我们常说的不合群。这种人由于不能与人保持正常交往，所以往往处于一种离群索居的心理状态。

孤僻心理对于男人的身心以及日常生活是有很大负面影响的。所以将孤僻心理转变为开朗就显得十分重要。须知，开朗快乐不仅对健康有益，而且更容易融入社会这个大家庭。

1. 认识孤僻与开朗

孤僻的男人一般为内向型的性格，主要表现在不愿与他人接触，待人冷漠。对周围的人常有厌烦、鄙视或戒备的心理。

孤僻是一种人格表现缺陷，尽管其自视甚高，常显出一副瞧不起人的样子，但其实内心虚弱，害怕被人刺伤，因而不愿与人交往，在不得不与人交际时，也显得行为怪僻、奇特和做作，常会给人一种神经质的感觉。

孤僻让人的猜疑心增强，容易神经过敏，办事喜欢独来独往，但也免不了为孤独、寂寞和空虚所困扰。因此，孤僻对我们的身心健康十分有害。

孤僻让人缺乏朋友之间的欢乐与友谊，交往需要得不到满足，内心很苦闷、压抑、沮丧，感受不到人世间的温暖，看不到生活的美好，容易消沉、颓废、不合群，缺乏群体的支持。这种消极情绪长期困扰，会损伤身体。

孤僻的成因往往与我们幼年的创伤有关，如父母离婚、父母的粗暴对待、伙伴欺负、嘲讽等不良刺激，使我们过早地接受了烦恼、忧虑、焦虑不安的不良体验，会使我们产生消极的心境甚至诱发心理疾病。

造成我们孤僻性格的原因，除了家庭因素，还有一定的社会因素。如由于缺乏必要的社会交际能力和方法，使得我们在人际交往中遭到拒绝或打击，如耻笑、埋怨、训斥，使我们的自主性受到伤害，于是我们便把自己封闭起来。越不与人接触，社会交往能力就越得不到锻炼，结果就越孤僻。

相反，保持开朗乐观的心境，会让我们对生活充满希望，也更容易融入集体生活，得到别人的认可，让我们在交际中如鱼得水。

即使偶尔出现消极的情绪，如苦闷、焦虑等，我们也能自己摆脱，因为减少了心理压力，感染疾病的可能就会减少到最低，我们也才会更加健康。

让我们保持一份轻松愉悦、乐观开朗的心情吧，那样我们就会收获更多的快乐！

2. 消除孤僻的方法

当我们男人不自信，与人交往遇到困难时，躲避绝不是办法，长期以躲避人群来掩饰自己，只会使我们自己陷入更深的孤僻状态中。孤僻的害处是显而易见的，我们应该有意识地消除孤僻，那么到底该如何做呢？

（1）认清危害

我们要正确认识孤僻的危害，敞开闭锁的心扉，追求人生的乐趣，摆脱孤僻的缠绕。孤僻危害很多，如难以与其他人相处，使自己经常处于落落寡欢、忧虑、不愉快的状态中。对于需要集体合作才能完成的工作，需要互相配合才能做的事情，都难以胜任等。

（2）认识别人和自己

我们每一个人都有自己的长处和缺点。可是孤僻者一般不能正确地评价自己，要么总认为自己不如人，怕被别人讥讽、嘲笑、拒绝，从而把自己紧紧地包裹起来，保护着脆弱的自尊心，要么自命不凡，认为不值得和别人交往。

所以，孤僻者需要正确地认识别人和自己，多与别人交流思想、沟通感情，享受朋友间的友谊与温暖。还要正确认识孤僻的危害，敞开闭锁的心扉，追求人生的乐趣，摆脱孤僻。

（3）有奋斗目标

一个有所爱、有所追求的人，不会孤寂；一个为事业忙碌的人，也不会孤僻。因此，我们一定要树立坚定的事业心和奋斗目标，并为之努力拼搏，孤僻自然会被热情所淹没。

（4）树立必胜的信念

我们可以把主动和别人说一次话，或主动邀请别人做一件事，当作一次胜仗来看待。你可以这样暗示自己：我主动与你交往，即使你不理我，我也算取胜了。经过一段时间的锻炼，一旦你品尝到胜利的滋味，你的胆怯心理就会逐渐被克服。

总之，要面对现实，主动和别人交往，树立信心，增强自尊，这样会体会到与人交往是一件平常的、正常的事。多一分自信，胆怯就会减少一分。

3．做到开朗的要诀

我们在每天生活中，会遇到许许多多的事情。一些事情可能让我们不舒服。这就要求我们试着用乐观开朗的心态去对待，逐渐形成习惯，从而让自己的人生永远充满快乐。那么具体我们该如何做呢？

（1）改变看问题的方式

凡事从好处想，遇到一时想不开的事情，可以找位自己信得过的师长、父母或者朋友倾诉，使自己得到放松。学会用微笑和快乐去面对人生。

（2）完善个性的品质

孤僻的性格，是我们在生活环境中反复强化逐渐形成的，孤僻让我们兴趣狭窄、清高孤傲，难以融入集体。要努力克服孤傲的心理，我们就要增加心理透明度，以开放的心态主动与人交往，吸纳别人的长处，享受、体会人际交往的情意和欢乐。

（3）培养健康的情趣

健康的生活情趣可以有效消除我们的孤僻心理。利用闲暇我们可以潜心钻研一门学问。或学习一门技术，或写写日记、听听音乐、练练书法，或种草养花养宠物等，都有利于消除孤僻。

（4）学习交往的技巧

我们可以看一些交往方面的书籍，学习交往技巧，可以从先结交一个性格开朗、志趣高雅的朋友开始，处处跟着他学，并请他多多提携。

（5）多参加活动

我们要多参加正当、良好的交往活动，在活动中逐步培养自己开朗的性格。我们要敢于与别人交往，虚心听取别人的意见，同时要有与任何人成为朋友的愿望。

这样，在每一次交往中都会有所收获，纠正认识上的偏差，丰富知识经验、获得友谊、愉悦身心，重塑你在大家心目中的形象。

（6）取长补短

学习别人的长处，弥补自己的不足。我们要用谦虚、友好的态度对待每一个人。把朋友当作教师，将有用的学识和幽默的言语融合在一起，你所说的话一定会受到赞扬，你听到的一定是学问。

总之，通过有意识的自我调节，我们一定会告别孤僻，找回开朗快乐的自己，让自己的生活变得更加幸福快乐。

贴心小提示

作为男人的你还在为沉默寡言的孤僻性格而痛苦吗？你想让自己变得乐观开朗一些吗？那么从现在开始，让我们一起寻找幸福吧！

做你自己喜欢做的事情，做自己擅长的事情，找回成功的喜悦，找回失去的信心，找到前进的动力和方向。

心累了，人烦恼了就歇歇，让心灵去旅行，可以去爬山，看海，感受壮丽的风光，拥抱自然，融入自然。在春季可以常去郊外踏青，观花赏草，在家里也莳弄一些花草，自我欣赏，会令人心旷神怡。

可以做些运动，如跑步、散步和打篮球等。跑步可以锻炼身体，提高人的意志力和忍耐力；散步可以让人休闲，放松；打篮球可以让人学会配合，增强团队意识和集体观念。

可以找知心朋友小聚，小酌几杯，向朋友倾诉，让温馨的友情驱散你内心的无聊、苦闷和孤独。

多和家人聊天，或者打电话，加强沟通，增进感情。

寻找知心恋人，让爱情升华你的情感，点缀你的生活，照亮你的灵魂。

如果有什么烦恼不方便和朋友、家人说的，可以上网与陌生人聊天，倾吐一下，也可以找新的朋友。

在网上写日记，记下生活的点滴。

可以和好友逛街购物，说不定有意外的便宜货或者意外的美食在等着你，从中你可以收获意外的惊喜。

好好学习，找到学习的乐趣，不断进步，提高自己的学习成绩，规划好自己的职业生涯，规划好自己的人生道路。

可以和家人适当地观看自己喜爱的电视剧，同时又可以和家人聊聊天，增进感情。

可以阅读自己感兴趣的书籍，开阔视野，增长见闻，丰富知识，为学习和工作打下良好的基础。

可以练习书法、画画，学习钢琴或者其他乐器，陶冶情操，增加气质。

在家里做一些家务，这样既可以保持卫生，又可以得到家人的赞扬，可以得到生活的乐趣。

总之，只要你有恒心，就会找到一个快乐开朗的自己。

将敌对心理转变为宽容

敌对是一种因嫉妒、逆反或憎恨而导致的情绪反感。其特征是对抗他人，与他人敌视而不相容。当这种敌对心理比较严重时往往会导致行为上过激，使对方遭受痛苦和伤害。所以敌对是害人害己的一种心理，我们应加强心理调适，力求将敌对心理转变为宽容。

1. 认识敌对与宽容

我们的敌对心理常在以下两种情景中发生。一种是客观情景，当我们受到他人轻视、指责和伤害时，产生敌对心态。这时我们常常表现出怒目相对、冷漠仇视的态度，不管这种轻视、指责、伤害是出于善意还是恶意，是确实如此还是自己主观上的错觉，反正对一切感觉不利于己都充满敌对。

另一种是主观情景，凡是遇到我们自己看不顺眼、不满、厌恶的人，常常表现为对他们冷眼相对，动辄非难，尽管他们没有冒犯自己，但只要这样偏见诱发出敌视情感，就会随时随地地在表情和行为上表现出这种敌对心态。

无论我们的敌对心理由哪种情景引起，都是攻击行为的潜在状态。一旦我们的敌对心态迅速膨胀，超过了忍耐的限度，就会演变为挑衅、报复、破坏等攻击性行为。

我们每一个男人可能都受到过别人的冷淡、误解，但不是每个人都会产生敌对心理的。一般来说如果我们自信宽厚,就会较少产生敌对情绪,因为我们对自己的优点、缺点有清晰的认识。

而如果我们心胸狭窄,就容易对常见的误解耿耿于怀,带着警惕的目光看待周围的人和事。因此,我们的人际关系就容易紧张,我们的敌对心理也就会很强烈。

我们男人平时不良的人际关系往往就是由我们的敌对心理引起的,因此我们要学会宽容,只有这样,才会建立良好的人际关系。

宽容是一种非凡气度,代表了我们男人心灵的充盈和思想的成熟。越是有智慧,我们的胸怀就会越宽广,因为我们明白,宽一分是福,让一步为高。这种态度不仅能让他人释怀,同时也善待了我们自己。

宽容是一种生活艺术、生存智慧,当我们了解了社会人生,必然会获得这份从容和超然。

宽容是一种美德,让我们告别狭隘、自私、固执,真诚宽容别人的过错,无须用折磨自己来惩罚别人。坦然应对我们生命小舟面对的每一个险滩,就会融化别人冷漠的冰雪,迎来生机盎然的春天。

宽容是快乐的源泉,如果我们男人能够对朋友无意的误解泰然处之,我们的友谊之树就会常青;如果我们能够不计较同事的中伤,那么彼此之间会更团结;如果我们能够宽容领导暂时的失察,就能使我们的工作更顺利、更协调;如果我们能够宽容下属无心的冒犯,会让他们更自觉。

请学会宽容,我们不会贫穷到无机会表达宽容的地步。不要吝啬这高尚的财富,把宽容这束鲜花撒向人间吧。

2. 消除敌对心理的方法

把身边的人都看成敌人,对己对人当然都是有百害而无一利。那么我们平时应该怎么做才能克服自己的敌对心理呢?

(1)消除偏见

在人际交往中,我们男人不要戴着有色眼镜去曲解他人,不要不分青红皂白地认为他人对你有敌意。

凡事我们都要多从正面去理解,恶意伤害别人的人只是少数,即使别人是恶意伤害,只要我们心平气和地加以处理,也必定会使伤害者汗颜并有所收敛。

同时,我们也不要以自身的好恶去看待他人,要懂得人的兴趣、需要、性格是各不相同的。

(2)良好沟通

我们对他人不信任与缺乏人际沟通有关,沟通不良会造成人与人心理上的疏离,还会造成我们对别人的误解及别人对我们的误解。因此,要与别人建立良好关系,应从促进沟通开始。

有了良好的沟通,就会更多更深地了解别人,从而建立良好的人际关系。

(3)视觉转换疗法

所谓"视觉转换疗法",即通过换一个看问题角度以达到改善情绪和观念的目的。

事实上,我们很多消极的情绪并不都是事实本身造成的,而是由我们看问题的方式和角度决定的。

譬如说,我们现在更多看到别人的缺点及别人行为中消极的一面,那就不妨在心里不断提醒自己,只关注别人行为当中的积极成分,不要关注消极的成分。

(4)发挥优势

我们都有自己的优势,也有自己的弱项。虽然我们目前人际关系差一点，但我们可能有很强的音乐智能、绘画智能、运动智能等，只要尽情发挥，一定会成功。

如果我们能把时间用于对自己优势能力的挖掘发挥上，也就没有心思用敌对方式向世界表示你的不满了。我们的心情和人际关系也会随之好转。

（5）积极暗示

即使我们是一个极为平常、毫无优势可谈的人，我们也用不着灰心丧气，不然的话会对自己的健康造成极大的危害。最佳做法是应该常给自己积极的暗示，我们可以经常对自己说"天生我材必有用""我很快乐""我很幸福""大家对我都很友好"之类的积极话语。

这样的积极暗示在学习、生活中会给我们正面的影响，它不仅可以让我们保持愉快的心情，减轻我们的敌对意识和行为，还可以给我们周围的人带来愉悦，形成一种良好的生活环境。要记住，敌对不能解决我们的任何问题，应该用积极正面的方式寻找快乐，享受生活。

（6）大处着眼

我们不要在小处过分坚持、斤斤计较，应学会忘记那些不愉快的事，减少自己的烦恼。男子汉就应该有"宰相肚里能撑船"的肚量，这样我们就会感到好像从自己的肩上卸下了沉重的愤怒的包袱，一身轻松。

（7）换位思考

我们男人不要念念不忘别人对我们的不友善态度，当事情发生时，要学会换位思考，站在别人的角度上想想，就会理解、原谅别人，化干戈为玉帛。

（8）交知心朋友

我们男人在与人开始交往时应当不抱成见，寻找机会取得别人的信任，奉行以诚待人的原则，如果我们处处关心别人、体谅别人，常常用友爱、善良和真诚的态度去对待别人，就会广交朋友，同时也能克服我们的敌对心理。

其实，我们男人都应该明白，别人永远都是你的镜子，如果你对别人微笑，别人也会对你报以笑脸；而如果你对别人投以敌视的目光，别人也会向你投来敌视的目光。

3. 培养宽容的要诀

宽容是我们每个人的必备素养之一。宽容不是纵容，宽容是信任、激励与欣赏，是尊重、理解与关爱。在现实生活中，如何让自己宽容起来呢？

（1）自我反省

宽容需要不断反省自己、提升自己，宽容是淡化矛盾、解决问题的良策，忍一时风平浪静，退一步海阔天空。

宽容不是针尖对麦芒，而是心平气和微笑握手，不斤斤计较，大踏步跨过情感的沟沟坎坎，以爱人爱世界的大度赢得别人的敬仰尊重。

（2）学会释怀

宽容是坦然释怀，我们总是对自己的痛苦念念不忘，那就永远走不出阴影，久而久之人就会被眼泪淹没，人也会狭隘起来。

如果我们能够放下那些不愉快的往事，打开心灵这扇大门，宽容一切，得饶人处且饶人，我们的生活就会焕发出新的生机。所以，宽容是爱过之后的感激、理解，宽容是心境相通之后的幸运、珍重。

（3）宽容待人

有什么样的思想观念，我们就会有什么样的处理方式。要想做到宽容，就必须树立正确的观念，即人非圣贤，谁能没有过错。

既然每一个人包括我们自己都可能犯错，我们为什么就不能对别人的错误宽容一下呢？当我们树立了这样的思想时，面对别人的错误，就会心平气和起来，就有了宽容的情感基础。

不论别人犯了多大的错误，我们一定要冷静，一定要控制住自己的感情。声色俱厉、气势汹汹不仅解决不了问题，反而会激起别人对自己的反感。用微笑面对别人的过失，也许更会让对方愧疚，主动承认自己的错误。

对于别人的错误，我们要给他们认识错误和改正错误的时间，也就是在时间上宽容他们。公众场合的问题，尽可能在事后解决。这样我们的头脑会更清醒，也给对方一个反省的机会。

总之，宽容是要求我们对人不苛求，对事不苛求。如果我们能够常用宽容的态度对待事业、家庭和朋友，事业、家庭、朋友才会更长久。

真正的宽容是真诚的、自然的，没有丝毫强迫的意味，因此，没有人比宽容的人更强大更自豪。我们的生活里多一点宽容，我们的生命就会多一些空间和爱心，生活也就会多一些温暖和阳光。

贴心小提示

朋友们，宽容是我们为人处世的重要原则之一，学会了宽容，你也就学会了交际。

宽容别人，其实就是宽容自己。对别人多一点宽容，其实，你生命中就多了一点空间。

宽容就是忘却。忘记昨日的是非，忘记别人对你的指责和谩骂，时间是良好的止痛剂。学会忘记，生活才有阳光，才有欢乐。

宽容就是不计较，事情过去就算了。你不能用别人的错误惩罚自己。不信任、耿耿于怀、放不开，只会限制了自己的思维，也限制了对方的发展。

宽容就是潇洒。遇事斤斤计较、患得患失，你会活得很累，难得人世走一遭，潇洒最重要。

宽容是一种坚强，而不是软弱。

宽容就是在别人和自己意见不一致时也不要勉强。

宽容就是忍耐。同伴的批评、朋友的误解，过多的争辩和反击实不足取，唯有冷静、忍耐、谅解最重要。

宽容也需要技巧。给一次机会并不是纵容，不是免除对方应该承担的责任。

将报复心理调整为宽恕

报复心理是指我们在无端受到心理挫折而感到愤怒时，所产生的一种对对方的攻击欲望。其实生活中并没有那么多的敌我矛盾，所以一个人的报复心不能太强。我们男人千万不要以报复对方的方式来满足自己的不满，因为这种方式只能增加自己的负担。相反，宽恕会让我们的心理没有过多负担，同时也会让我们更快乐。

1. 认识报复与宽恕

我们男人在自我觉得遭受了欺侮、委屈，心灵受到伤害，心理失去平衡时，常常心生怨恨、仇视，并且"以眼还眼，以牙还牙"，甚至变本加厉地去反击对方，包括语言、表情、行为等，企图让对方遭受痛苦，使之名誉受损、财产丧失、肢体受伤甚至生命终止的心态就是报复心理，我们这样做的目的是通过对方遭受痛苦来达到自己心理的平衡。

攻击报复总是挫折的结果，当我们受辱、遭贬、被拒绝、被排斥后，心生怨恨甚至仇恨，报复的冲动就萌生了，但从产生报复的念头到采取行动，常常受到内外各种因素的干扰，许多时候行动或放弃就在一念之间。

一般情况下，我们大多数男人能够通过冷静的分析、理智的思考而没有采取报复行为。而有的人在报复心理的驱使下，不能控制自己，以致出现了报复的攻击行为。

另外，由于我们受到道德、法律、良心的约束及自我的管理，即使我们有一定的攻击报复行为，也是在社会许可范围内进行。例如我们经常会迁移攻击目标，如工作受挫发泄到配偶身上等，或者是转换到工作、学习、娱乐中。

但是，如果我们这些通常的发泄渠道释放受阻，或者是多次遇到挫折，攻击本能蓄积，蓄积之后又未能得到及时疏泄而超过一定限度后就会置道德、法律、良心于不顾。

我们往往因出这一时之气而招来百日之悔，甚至为报复而打架斗殴、互相伤害，轻则使我们的人际关系更加恶化，逐渐升级，陷入恶性循环。重则让我们两败俱伤，甚至导致犯罪，锒铛入狱，后悔莫及，这又何苦呢？对失去理智的报复行为所带来的不良后果，无疑是我们每个人都不愿看到的。

所以，我们男人应该学会宽恕，事实上我们每个人的一生都是在别人的宽恕中，也是在宽恕别人中度过的，因为你有一颗博大仁爱的心，因此你的人生是如此快乐而又轻松。

其实过好我们生活中的每一天，每个人都并不轻松，只有把我们的那些痛苦像包袱一样一次次地扔掉，我们才会带着快乐轻装前行。

有一些人认为，只要我们不原谅对方，对方一定会因为内疚而痛苦。其实真正痛苦的是我们自己，我们不能原谅对方，因此我们的心情永远处于责怪之中，为此我们耿耿于怀，郁闷不乐，为此我们寝食不安，愤愤不平。

所以我们不妨换个角度，真正学会去宽恕别人也宽恕自己吧！爱自己，也爱别人，常常带着一颗宽恕的心，让爱跟随你的心，在给别人快乐的时候，你将得到最大的快乐。

2. 打消报复的念头

报复心理尽管是我们男人的一种心理被扭曲的变态心理，但是只要我们认识到这种心理的危害性，并进行自我调节，那么这种心理既可以防止，也可以矫正。那么，我们这些热血男人该如何对待报复心理，怎样打消报复行为呢？

（1）反省自己

"金无足赤，人无完人"，我们自己之所以受到他人的批评、指责、举报，恋人离自己而去、妻子要离婚等，这些肯定也有我们自身的原因，因此值得别人批评和举报，恋人也应该离开自己去寻找美好的爱情，妻子应该离婚去谋求幸福。

这样一想，我们也就不会觉得自己委屈了，也不会抱怨别人冤枉自己或对自己无情了。只要我们用理智的态度认识自己、评价自己，看到自己存在的问题，就会杜绝报复心理的产生。一旦产生也很快就会被正常的心态所融化。

（2）多看正面

如果我们凡事都往坏处想，就会越想越糟糕，越想越可怕，越想仇人越多，越想越难解脱。如果我们凡事往好处想，情况就大不一样了。

别人批评指责我，是为了关心帮助我；恋人离开我，这是自己的解脱，如果结合将留下遗祸；第三者插足，是因为自己不善处理夫妻关系，只要努力改善，就可能可以逐出第三者；自己的欲望不能满足，是因为不切实际或者努力不够；别人赖债或不履行合同也可能是因为有实际困难。这样一想，什么怨恨都会跑得无影无踪了，心情也就自然平和了。

（3）树立宽容的意识

我们之所以产生报复心理，其根本原因就是我们心胸狭隘，缺乏宽容的思想意识。如果有了宽容的意识，对于别人的批评、指责就会正确对待。

这样，即使产生了报复心理，也会用宽容战胜它，也就不会让报复心理困扰自己。

（4）多想后果

因报复心理引发的暴力犯罪尽管能平泄我们心中的怨恨，然而这样既害了他人，同时也毁灭了我们自己；既给别人的家庭造成难以弥补的损失，同时也给我们自己的家庭和亲人带来严重的创伤，更重要的是给社会带来了不安定的因素。

这一切都是不可想象的，因此一想到这严重的后果，我们就应该克服自己的报复心理。

（5）积极寻找正确途径

如果我们自己确实受了委屈，利益受到了损害，就应该寻找正确的途径予以解决。或找领导申诉辩解，或找同事交换意见，或通过第三人调解，或诉诸法律。

总之我们要树立信心，采取积极的方式解决，而不应该采取报复这种消极方式处理。因为采取消极的方式是无法解决问题的，只有采取积极的方式，才能办好我们自己要办的事情。

3. 学会宽恕

报复的心理往往会对我们的心血管和神经系统造成不良影响，血压和心律也会有所升高，肌肉也能紧张不少，情绪控制感会大大减弱。那么，我们该如何让自己学会宽恕呢？

比如我们希望晋升，我们的一个同事也希望晋升，而空缺只有一个。结果，最终得到这个机会的是那个同事。偏偏这个时候，我们又听到了有关那个同事的风言风语。如果我们正视这件事情，就会去了解相关情况。

也许事情没有人们说得那么糟，说不定我们的同事没有过错。即便有过错，也是可以理解的。我们在这一基础上形成的宽恕才是长久的。

不承认伤害只会使我们的心理感觉变得十分麻木，更不可能使自己胸怀宽大起来。一旦不顺的时候再次出现，一旦新的伤害再次降临，说不定会引起更大的情绪反弹，所以正视现实才是更重要的。

我们要承认，若要治愈心理伤口，就要使自己做出一些改变。如果总是墨守成规、固执己见，总是记着别人的不是，那我们的宽恕就无从谈起。我们有些人遇到不顺利的事情，总是将原因归咎于他人。这种思维惯性是不可能使我们学会宽恕别人的。

有的时候，别人做出某种事情或者说出某句话，跟我们可能没有任何直接关系，甚至根本没有关系。比如我们跟某个擦肩而过的人打招呼，他却没有理我们。

这个时候，我们应该想一下，说不定这个人没有听到我们的招呼，也可能是有急事，或者刚才遇到了什么不高兴的事情。所以我们也就顺理成章地原谅了别人的不礼貌，这对我们是很有好处的。

经常闭上眼睛，体验一下与宽恕相伴而来的心理放松，宽恕别人对我们的健康、快乐、幸福都有很大的促进作用，所以我们在享受自己的幸福生活的时候，要经常让它们和宽恕联系起来，这样就会强化我们自己的宽恕思想。

贴心小提示

作为男人,你可能已经知道了报复心理的坏处,现在你可以看一下宽恕心理能给你带来多么大的好处,那样你会更加喜欢宽恕的!

专家告诉我们,一旦你宽恕了他人对你的伤害或者过错,你就不会那么生气,血压也就会降下去了。

你如果心眼很小,那压力一定也大,这是因为很多事情装在心里,讲不出来,也放不下,压力自然不少。你要总是扛着压力,那会是一种什么样的状态呢?身体能好吗?

如果你能宽宏大量,什么都想得开,包括别人对自己的伤害,那么就会无事一身轻。心里没包袱,生活、工作都会很快乐,幸福也会随时来到你身边。

一般男人的心律在每分钟70下左右。生气的时候,特别是面对面争吵的时候,你的心律一定会加快,从而增大心脏的负担。如果你总是不肯原谅他人的过错,气愤不止,心律就很难恢复到正常范围内。

有相当一部分的心病是因为无法宽恕他人的过错而产生的。可以这样讲,学会宽恕他人在某种程度上可以大大减少你感染心病的概率。

知道了这些,相信你现在一定爱上了宽恕,那就从现在开始行动吧!

将吹嘘的习性转变为谦虚

喜欢吹嘘是许多男人的毛病，这大多是因为虚荣心理作祟。这种人总是喜欢表现自己，到处吹嘘自己，生怕自己的能力不为人所知，而且会显示自己不同于常人的优越感，希望因此得到别人的钦佩和尊重，但结果常常事与愿违。所以将吹嘘习性转变为谦虚是培养男人优秀人格的重要一课。须知，谦虚作为一种重要的美德，更能显出我们人性的高贵，对人生也有莫大的益处。

1. 认识吹嘘与谦虚

许多男人喜欢在公众场合吹嘘自己。男人为什么会喜欢吹嘘自己呢？

这其中的原因有很多，可能为自己在职场中的位置感到自卑，不满意自己不被关注，不是大人物，在单位同事尤其领导面前没有面子。

内心自卑又孤独，渴望被重视，被大家接纳。也渴望大家在心目中给自己一个重要一点的位置，渴望大家承认我们有能力。也有可能不想让别人说自己是妻管严，说自己不是个爷们。

其实无论是哪种吹嘘者，都说明他们对自己不够自信，很怕被人看不起，需要被接纳和认可。

一般情况下，我们男人吹嘘是在现实与梦想的巨大落差中寻找一个心理平衡，我们一心想成就一番大事业，做个顶天立地的男子汉大丈夫，但却往往在现实面前四处碰壁、举步维艰。

在内在压力与外在压力的双重挤压下，我们适当地吹嘘一下，也算无可厚非，它多少可以缓解一下我们男人的心理压力。

但总体来说，吹嘘并非好事。无论我们出于何种原因进行吹嘘，大多都容易影响心理健康及人际关系。

一方面，惯于吹嘘让真实的自我越来越小，虚假的自我越来越大，从而极少关注现实问题，因此难以成功。

另一方面，吹嘘或许可以让我们暂时获得他人的尊重，一旦牛皮戳破，对方就会认为你在愚弄他们，从而失信于人。

特别是有时候，吹嘘还会成为一种精神人格异常的表现。有一种"夸大妄想症"病人，其表现之一就是吹嘘。所以，我们务必要克服吹嘘的心理，学会谦虚谨慎。

其实，我们每个男人都差不了太多，根本没有必要去大肆吹嘘什么，要想让自己更优秀，做法很简单，就是谦虚待人，诚心待事，脚踏实地地赢得认可，从而取得做人和做事的成功。

谦虚的人，会给人以亲切感，更容易取得别人的信赖，加上实际工作中适当表现出来的能力，就会赢得别人的尊重。

2．避免吹嘘的方法

我们男人都有自尊心，都渴求得到他人的尊重，这是一种正常的心理现象。但自尊心一旦脱离现实，变成畸形的需求，就会发展成为虚荣心。为了满足自己的虚荣心，故意夸大或捏造自己工作或生活中的某些事实，在别人面前进行吹嘘，使之符合自己的想象，以期引起别人的重视，这就是心理不正常的表现，危害很大。我们平时该如何避免自己的吹嘘心理呢？

（1）树立正确的人生观

我们老是喜欢吹嘘自己，直接原因是虚荣心作祟，根源在于世界观、人生观和价值观发生了偏移。吹嘘自己是大款的人，往往是嫌贫爱富；吹嘘自己有靠山的人，一般都热衷于搞庸俗关系；吹嘘自己神通广大的人，内心里是看不起老实巴交的平民百姓。

因此，我们要改掉吹嘘的毛病，首先要从根本上树立正确的世界观、人生观和价值观。

（2）有一颗平常心

我们男人中有自我吹嘘毛病的人，既有自尊心过强的问题，也有自信心过低的问题。

一些人既迫切希望得到别人的尊重，又对自己的能力素质信心不足，于是就通过吹嘘来虚构一个"自我"，以此满足自己的虚荣心。

要克服自我吹嘘的毛病，我们一定要正确认识自我，善于接受自我，正确对待别人的评价，无须对别人的评价过于敏感，更没有必要为别人怎么看待自己而忐忑不安。那些实实在在、真真切切的人，往往更能赢得别人的尊重。

（3）认清危害

现实生活中，我们说假话被揭穿后，是非常尴尬的。我们对不诚实的人不屑一顾，更谈不上什么尊重了。

有些人吹嘘自己神通广大，结果别人求他办事却办不成，不仅会招来抱怨，而且自己也十分苦恼。

还有冒充大款的人，为了面子上好看，花钱大手大脚，搞得债台高筑，父母骂我们不孝，朋友说我们欠债不还，极个别的甚至为此而走上了偷盗、抢劫的邪路，葬送了自己的美好前程。

（4）不盲目攀比

比较是我们常有的社会心理，但我们要把握好比较的方向、范围与程度。我们要从现实生活出发，不好高骛远，不妄自菲薄。

3. 培养谦虚的要诀

做到不吹嘘还不够,我们男人还必须要懂得谦虚谨慎,对人对事不要骄狂,不要乱摆架子,否则就会使我们自己处在四面楚歌之中,被世人讥笑和瞧不起。只有不居功自夸、不肆意张扬、平易近人的人才能够受到别人的欢迎。我们平时该如何培养自己谦虚的品性呢?

(1)学会低头

在现实生活中,我们应该学会低头,学会认输。处世的智慧就在于你能不能适时地咽下一口气,不去做无谓的坚持。

低头并不会降低我们的人格,能让我们得到谦虚的美德,避开无谓的纷争,避免意外的伤害。学会低头,这是最基本的生活常识。

(2)学会尊重

我们如果任何时候都是高昂着头,别人就会对我们敬而远之。如果你总是把自己看得很高,把别人看得很低,你所得到的必然是对等的蔑视。

生活在这个世界上,我们都需要尊重。尊重别人其实也就是尊重自己,这样我们就会显示出谦虚的美德,也会赢得别人的尊重。

(3)永不满足

我们应该知道学无止境,我们应该知道"天外有天,人外有人"。所以我们不能自满,不自满才能让自己表现出真正的谦虚,才能不断进步。

(4)不得意忘形

人在得意时,一定要懂得收敛,不要锋芒太露,以免招来不必要的是非。

在生活中,我们唯有谦虚才能学到更多的知识,才能让自己永远立于不败之地。面对强者,我们要谦虚,取长补短完善自己;面对弱者,我们不要骄傲,做到见不贤而内自省也。

从今天，从这一刻起，我们用谦虚谨慎的心去面对一切，包容一切。

贴心小提示

谦虚有很多种，但真正的谦虚不是谁都有资格享有它的。亲爱的朋友，现在让我告诉你什么是真正的谦虚，什么是虚假的谦虚吧！

胸无大志的人，即便极诚恳地说："我这个人没什么妄想。"这不叫谦虚，只能叫坦率，这种坦率有时让人觉得是在叹息。

毫无才学的人，即便极认真地说："我这个人没有什么本事。"这不叫谦虚，只能叫实在，这种实在有时让人觉得自责。

主席台上，正式发言之前来一句："我水平有限。"这不叫谦虚，只能叫客套，这种客套给人的感觉是一种身份的炫耀。

辩论场上，笑应对手一句："我的意见可能不太成熟。"这不叫谦虚，只能叫挑战，这种挑战是一种以退为进的宣示。

机遇面前犹豫不决、左右为难地嗫嚅："我不知道该怎么办。"这不叫谦虚，只能叫哀鸣，这种哀鸣除了显示无能力外，更显示了在患得患失间的不知所措。

谦虚是需要一种底气来支撑的，力量是勇者的底气，聪慧是智者的底气，守信是义者的底气，博爱是仁者的勇气，只有有了底气，我们才能有真正的谦虚。

将虚荣心转变为务实

从心理学角度来说，虚荣心是一种追求虚表的心理缺陷，是一种被扭曲了的自尊心。在社会生活中，每个男人都有自尊心，都希望得到社会的承认，但虚荣心过重者不是通过实实在在的努力，而是利用撒谎、投机等不正常手段去渔猎名誉，这无疑是十分有害的。所以男人们要善于将虚荣心转变为务实，即讲究实际、崇尚实干、排斥虚妄、拒绝空想，从而追求充实而有活力的人生。

1. 认识虚荣与务实

虚荣是指我们表面上的荣耀，虚假的荣名，是对自身的外表、学识、作用、财产或成就表现出的妄自尊大。

虚荣心是被扭曲了的自尊心，是自尊心的过分表现，是一种追求虚荣的性格缺陷，是人们为了取得荣誉和引起普遍注意而表现出来的一种不正常的社会情感。

所谓"金玉其外，败絮其中"，许多男人只重外表，不求实际，就会造成这样的一个后果。

我们男人中许多好虚荣的人，不能用道理来说服人，也不知用道德来感化人，只用穿着打扮来夸耀自己，难道衣服鞋袜能够表现一个人的伟大崇高吗？

甚至有的人，日常用品、穿着衣物，都要名牌；凡事爱出风头、喜欢受人赞美、经常吹嘘自己等，诸多浮华不实之事，都是虚荣心的表现。

我们男人中虚荣心强的人，往往追求表面上的光彩，并且极力掩盖自己的内心世界。从根本上说，虚荣是一种源于自卑感、极力想得到别人承认、得到荣誉和尊重的心理表现。一旦虚荣心得不到满足，就会产生自卑感。

真正懂得荣誉、懂得生命尊严的人，会以求实的精神坦然面对荣辱，而不去在意一时的浮华虚名。

我们做人应该实事求是，不要打肿脸充胖子，不要逞一时之快，凡事要脚踏实地，要争千秋，不要只争一时。多少人的十载寒窗，多少人的分分合合，都在说明从务实勤劳里才能成功。

反之，如果我们只会虚荣，而不肯务实做人，就如一棵没有根的树，是很容易枯萎的；犹如一栋地基不稳的大楼，随时都有倒塌的可能。

2．消除虚荣的方法

男人在虚荣心的驱使下，往往只追求面子上的好看，不顾现实的条件，最后造成危害。在强烈的虚荣心支使下，有时会产生可怕的动机，带来非常严重的后果。因此，虚荣心是要不得的，应当把它克服掉。我们该如何克服自己的虚荣心呢？

（1）认识荣誉

如果我们不是通过自己的作为得到别人的尊重，而是靠弄虚作假骗取荣誉，即使今天获得了荣誉、受到了尊重，明天或后天也会因名誉不好而失去别人的尊重。

滥竽充数的南郭先生能蒙混一时，但最终还是要被人揭穿，这不就是最好的说明吗？

（2）认清真相

虚荣心实际上是扭曲的自尊心。我们自尊心强的人对自己的声誉、威望等比较关心。做了好事，心里高兴是荣誉感的表现，珍惜荣誉，顾全面子是维持自尊心的正常要求。然而我们为了表扬去做好事，甚至不惜弄虚作假，这就是虚荣心的表现了。

（3）认清危害

虚荣心强的男人，在思想上会不自觉地渗入自私、虚伪、欺诈等因素，这与谦虚谨慎、光明磊落、不图虚名等美德是格格不入的。

虚荣的男人为了表扬才去做好事，对表扬和成功沾沾自喜，甚至不惜弄虚作假。他们对自己的不足想方设法遮掩，不喜欢也不善于取长补短。

虚荣的男人外强中干，不敢袒露自己的心扉，给自己带来沉重的心理负担。虚荣在现实中只能满足一时，长期的虚荣会导致非健康情感的滋生。

（4）端正人生观

自尊自重是我们克服虚荣心必须要做到的。做人要诚实、正直，绝不能为了一时的心理满足，不惜用人格来换取。只有把握住自尊与自重，才不至于在外界的干扰下失去人格。

随着社会的发展，我们的观念发生了新的变化，加上社会上某些消极因素的影响，不少人对生活、前途、人生的追求上过分注重外在的虚华。

讲排场、摆阔气、大吃大喝、攀比，这都为虚荣心的滋长提供了土壤。只有树立正确的人生态度和价值观，才能更好地克服虚荣心理。

（5）调整心理需要

需要是我们生理的和社会的要求在人脑中的反映，是人活动的基本动力。

在某种时期或某种条件下，我们有些需要是合理的，有些需要是不合理的。因此一定要根据自己的实际情况和真实需求进行取舍。在认清自己的心理需求只是虚荣的时候，应该立即进行调整，别为了一时的面子就害人害己。我们一定要学会知足常乐，多思所得，从而实现自我的心理平衡。

（6）摆脱从众心理

我们的从众行为既有积极的一面，也有消极的另一面。对社会上的良好风气，要大力宣传，使人们感到有一种无形的压力，从而发生从众行为。如果社会上的一些歪风邪气、不正之风任其泛滥,也会造成一种压力,使一些意志薄弱者随波逐流。虚荣心理可以说正是从众行为的消极作用所带来的恶化和扩展。

我们要保持清醒的头脑,面对现实,实事求是,从自己的实际出发去处理问题,摆脱从众心理的负面效应。别人的议论、他人的优越条件,都不应当是影响自己进步的外因。只有这样,才能不被虚荣心所驱使,成为一个高尚的人。

3. 做到务实的要诀

我们现代人生活节奏越来越快,压力重、欲望高、诱惑大,随之而来的痛苦和烦恼也就越多,在这样的情况下,我们要以清醒的心智和从容的步履走过岁月,我们的心境中不能缺少淡泊。我们该如何做到务实呢?

(1)树立崇高理想

我们追求的目标越崇高,对低级庸俗的事物的抵制力就越强。我们应该追求内心的真实的美,不图虚名。

我们自我价值的实现不能脱离社会现实的需要,必须把对自身价值的认识建立在社会责任感上,正确理解权力、地位、荣誉的内涵和人格自尊的真实意义。

我们只有着眼于现实,把自己的理想与国家、民族的前途结合起来,通过艰苦努力,克服前进道路上的困难和障碍,才有可能实现自己的远大理想和抱负。

我们很多人能在平凡的岗位上做出不平凡的成绩,就是因为有自己的理想,同时做到自知之明。这就是说要能正确评价自己,既看到长处,又看到不足,时刻把消除为实现理想而存在的差距作为主要的努力方向。

(2）有自知之明

人生逆境十之八九，我们总不能事事如意，在某方面达不到自己的要求或自己有某些方面比不上人家，这是正常的，无须耿耿于怀，更不必用虚假的东西来掩饰。假的就是假的，被人识穿以后会更加丢人现眼。

（3）善于主宰自己

我们不要过于计较别人怎样议论和怎样看待自己。

我们不能时时处处以取悦别人为目的，把他人的言论作为自己的行为准则，如果那样，就会不知不觉地给自己套上一个无形的精神枷锁，最终只能是不断助长自己的虚荣心理。

（4）矢志奋斗

虚假的荣誉不属于自己，它终究会被人遗弃。我们与其追逐一个个转瞬即破的肥皂泡，还不如立下大志，通过奋斗创造自己的未来。

经过奋斗得来的荣誉，才是真实的和自豪的，务实者会脚踏实地地从今天做起，坚持下去，这样真正的荣誉就会降临到你的身上了。

贴心小提示

作为男人的你是不是还在想如何才能真正让自己务实呢？现在告诉你一个简单的方法！

我们有时候买鞋子，就会遇到这样的情况，漂亮的鞋子穿在脚上却不舒服，穿在脚上舒服的鞋子，却不漂亮。是选漂亮的鞋子呢，还是选择让脚舒服呢？

有人会说，这还不简单吗？肯定是后者啦！真是这样吗？在生活中，我们有多少时候是选择了让别人说好的"鞋子"而委屈了自己呢？

所以说，合适的才是最重要的，不要贪图虚荣，不要理睬别人怎么说，不要追求名利，记住，适合你的，才是最好的。

把吝啬心调整为慷慨

慷慨是一种给予，而且是一种不图回报的给予。因而它也是一种豪爽，一种正气，一种境界，一种美德。具有慷慨心理的人往往也更容易获得成功。相反，吝啬心理容易丢失我们的仁爱之心、同情之心。因此我们要善于把吝啬心理调整为慷慨，这样才能让自己更好地融入这个社会。

1. 认识吝啬与慷慨

吝啬是贪婪的孪生兄弟，贪心之余便是吝啬。最有名的是法国批判现实主义文学的伟大代表巴尔扎克笔下《欧也妮·葛朗台》中的葛朗台，这个号称世界文学作品中吝啬之首的家伙，死的时候手里竟然还握着他最心爱的金子。

纵观人类历史，绝大多数人都喜欢钱，正所谓"爱财之心人皆有之"，不过，凡事都要有个度，爱财之事也不例外。

金钱有一个不得不令所有人承认的特点，那就是生不带来、死不带去。所以我们不能把金钱看得太重，要知道，人与人之间不能只有金钱，更多的还是情义。

《水浒传》在塑造人物的性格方面是相当成功的。性格即命运，好汉们性格的差异，往往决定了他们后来在梁山上的座次和排序，而吝啬和慷慨的性格，也在其中得到了很好的体现。

打虎将李忠是一个在诸多好汉中不大起眼的人物。除了他武功不济之外，多少还与他的性格有关。纵观整本《水浒传》中的人物，李忠是最吝啬的一个，无论是言是行，无不显得小肚鸡肠，一点也不大气，所以他在梁山上的地位就非常一般。

在一百单八条好汉中，最大气的莫过于宋江。宋江绰号"及时雨""呼保义"。宋江最为人称道的就是慷慨，仗义疏财，扶危济困。

单论武功，宋江恐怕连李忠都及不上。就这么一个面黑身矮、武功不值一提的小县吏，却能位居一百单八将之首，多少有万夫不当之勇的汉子如玉麒麟卢俊义、大刀关胜，多少智计百出的谋臣如智多星吴用、神机军师朱武者都甘拜下风，这其中的奥妙令人深思。由此可见，慷慨对于一个人发展的重要性。

2．消除吝啬的方法

吝啬之人极度自私，不给别人任何帮助，将人的本性降格为动物般的本性。吝啬破坏了人类美好的社会关系、伦理关系与道德关系，吝啬之人也必将受到社会的谴责与遗弃。我们应该怎么消除这个病态心理呢？

（1）认清危害

吝啬的男人非常计较个人得失，碰到事情总怕自己吃亏，对个人利益丝毫不让步。

吝啬的男人非常看重自己的财富与利益，为了获得更多的利益，六亲不认，对别人的苦楚表现得冷漠无情，毫无怜悯之意，甚至落井下石。

吝啬的男人很少参加社交活动，也不关心周围的事物，不愿意帮助别人。因此他们很少有知心朋友，遇到困难也难以得到别人的帮助。

（2）理智对待

我们要从精神上进行思考，领悟吝啬的错误。人活在世上，需要钱，但更需要亲情与友谊。

小气冷漠，只会割断亲情，使我们成为孤家寡人。过去曾经受到的不公正的待遇，不必萦绕心头，要理智地看待。别人需要帮助的时候帮别人一把，日后自己有难处，才能得到他人的关心。

（3）充实信仰

一个有崇高信仰的人会把琐碎的蝇头小利看淡。好的信仰将会使我们的价值观得到提升，灵魂得到净化。

3．做到慷慨的要诀

慷慨是一种给予，而且是一种不图回报的给予。我们人的天性中本身就有慷慨的种子，它使我们人类比起动物来，少了许多的争斗抢夺，多了许多的温情脉脉。我们平时如何做到慷慨呢？

（1）理解慷慨

慷慨并不一定是指钱财，只要我们能够使别人得到温暖，那就是付出的慷慨了。雷锋雨夜送路遇的老大娘回家，他是慷慨的。

真正的慷慨是什么？是数百万的爱心捐款吗？不是。真正的慷慨是将最珍爱之物奉献出来，将自己的快乐带给他人。

（2）欣赏慷慨

一个慷慨之人，无论地位高低，不管富贵贫贱，都会受到众人的尊敬。

一位高考落榜的青年，来到一家自行车修理店当学徒，有人送来一辆车胎漏气的自行车，青年认认真真地将车胎补好后，手头再没活干了。他本来可以悠闲地坐下来喝茶聊天，但他却为这辆自行车的各个部件加了油，又将车圈、车架的锈斑全部擦得亮亮的，简直整旧如新，别的学徒笑他多此一举。

后来，车主将自行车领走的第二天，青年人就被挖到那位车主的公司上班。

让我们从一个吝啬的人，变成一个慷慨大度的人吧！这样我们将不会患得患失，我们的生活将会更加美好，我们的事业也将更加顺利。

贴心小提示

作为男人的你知道了吝啬的坏处，可能你还会想，吝啬是不是一种疾病呢？让我们一起来看看吧！

单就吝啬而言，不能说它是一种病，但是如果作为某种病的表现，还是可能的。

如精神病中的偏执病可能有极度吝啬的表现，特别是有大脑器质病者，也有此情况发生，但他们根本不知道，吝啬是受病态妄想所支配的。

我们常说被什么事冲昏了头脑，所谓冲昏头脑，就是意识变得狭窄起来，在该人的思想里只有自己的利益，只知道收获，而付出是一种痛苦，甚至是很大的痛苦。

如果我们自己也解释不出自己为什么这样吝啬，并为吝啬而自责自贬乃至深恶痛绝时，还是让我们去看看心理医生好了，如果真是强迫症，做些必要的分析治疗或许可能会有所改善。

将虚伪心变为诚实

虚伪欺骗心理是指我们在对待自己和与别人交往中，表现出来的一种掩盖事实真相、满足私欲、骗取信任的心理活动和行为，这是一种消极的个性心理特征。它与谦虚谨慎、光明磊落、不图虚名等美德是格格不入的。

诚实即忠诚老实，就是忠于事物的本来面貌，不隐瞒自己的真实思想，不掩饰自己的真实感情，不说谎，不作假，不为不可告人的目的而欺瞒别人。拥有这种良好的品性，能提升自己的人格，赢得别人的信任，从而有利于人生更好地发展。

1. 认识虚伪与诚实

人都有两面性，虚伪与诚实。有的人之所以虚伪，是他尝到了虚伪的甜头。因为虚伪者的表现是他不费多大力气就能迅速给别人以美好的感觉。

溜须拍马、投其所好者似乎都有虚伪之嫌，人们之所以厌恶虚伪，是因为自己被欺骗了。但是虚伪者欺骗了一时，欺骗不了一世。即使虚伪者的表演再逼真，随着时间的推移也会露出真面目，更别说我们有能力分辨真伪虚实了。

诚实，诚信老实。诚信是荒原上流淌的一汪清泉，诚信是寒冬腊月傲放雪中的一枝梅花，诚信是夜晚行路时前方一盏不灭的灯火，诚信犹如春天第一缕阳光令人向往。

如果你很诚实，你的信誉将极速上升；如果你是个虚伪的人，你的信誉将飞速下降。我们不能缺少宝贵的信誉，不管你是富翁还是穷人，必须要有信誉。

要想有信誉，你先要做到诚实。对有信誉的人，人们用尊敬的目光看你；没有信誉的人，人们会用怪异的眼光看你。

我们男人都有诚实与虚伪两面性，为什么这么说呢？因为我们谁也不敢说自己一生一世从来没有过一点儿虚伪，也不能说自己一辈子光做虚伪的事儿，没有一点儿诚实的时候。

有人打过这样一个比方，我们的诚实与虚伪就像数轴上的正数和负数，诚实是正数，虚伪是负数。正数加负数可以是正数也可以是负数，就看你是诚实的时候多还是虚伪的时候多了。

2. 去除虚伪的方法

虚伪欺骗心理是一种不健康心理。仔细分析不难看出，虚伪欺骗的实质就是不诚实。用虚假的言语或行动掩盖事实真相，满足私欲，骗取信任，使人上当受骗，既害人又害己，是一种极不道德的心理行为。那么在现实生活中，我们该怎样去除这种不健康的虚伪心理呢？

（1）认清原因

认清自己产生虚伪心理的原因，才能根据不同情况采取不同的措施，克服自己的虚伪心理，从虚伪中走出来。

虚伪欺骗心理产生的原因是相当复杂的，我们有时常常有一些不合理的需要，并且在需要得不到满足时，不能正确调整就会产生虚伪。

有些人喜欢自我炫耀，在长期得不到重视或遇到挫折时，就会认为这是社会错了，而不是自己的需要不合理，渐渐地与社会格格不入，以不诚实的态度对待自己、他人和社会。

因此，在不合理的需要得不到满足时，虚伪欺骗心理就乘虚而入了。

错误的动机也能让我们产生虚伪心理。如我们与人交往的时候都是有一定动机的，但是当我们交往动机不良，即不是为了获得友谊，不是为了得到帮助，而只是为了某方面不正当的私利而和别人交往的话，就很难用诚实、守信的态度去对待别人，也就不会有朋友和事业上的伙伴。

当然，家庭、学校、社会的一些不良因素，也会对我们虚伪心理的形成有一定的影响。

知道了这些不良因素，我们平时就要有意识地抵制这些不良因素的形成，提高自己的免疫力。

（2）量力而行

言而有信，要求我们做到不轻易许诺，量力而行，做不到的事要婉言拒绝；一旦许诺，要尽最大努力去办。答应了别人而又不做，不仅会丧失信用，而且还会耽误别人的事。

（3）勇于承担错误

不论你的出发点如何，在任何时候都不应该撒谎、骗人；不要为自己的过失和错误寻找借口；主动承认错误，勇敢地承担因此而造成的不良后果，并以此为鉴。

（4）维护自尊

自尊是指珍视尊重自己，不向别人卑躬屈节，也不容许别人歧视、侮辱我们自己的一种心理活动，是一种指向自我的尊重。把自尊和敬人结合起来，才能诚实守信地对待自己和别人。

维护自尊，要以自信为前提，也就是要在相信自己、承认现实的基础上，客观、诚实地观察事物、分析事物。自信的人，诚实守信，不出尔反尔，敢于纠正自己的错误，因此，不自卑，也不会虚伪欺骗。

（5）用良心监督

当我们处在维护自我尊严的过程中时，内心会深深地体会到诚实守信的巨大魅力，我们的内心就会产生一种愿望，希望别人也能用真诚、守信的态度对待我们。也就是说，我们会自觉地约束自己，正确地评价自己，把诚实守信看作一种责任和义务。如果出现了虚伪的心理，产生了欺骗的行为，内心就会很痛苦。这是为什么呢？这就是良心在起作用。

良心就像一只警钟，提醒我们自觉抵制虚伪欺骗心理。良心对不合理的需要、错误的动机起着控制作用，良心在行为进行中起着监督作用，良心对行为的后果起着自我评价作用。

3. 做到诚实的要诀

我们都喜欢诚实守信的人，并愿意与他们交往。诚实守信是一个人人格、品德的重要标志。诚实守信心理要求人们在对待自己、对待别人和对待事物的时候，要公正坦率、忠诚老实、实事求是、不弄虚作假。我们该如何保持自己诚实的品格呢？

（1）用理想导航

理想是我们心理活动的灯塔，它正确地引导人们用合理的态度认识世界和改造世界，促使人逐渐养成诸如诚实、守信、热情等良好的心理特征，克服虚伪、欺骗、冷淡等不良的心理特征。

同时，理想还是心理活动的动力，是巨大的精神力量，它催促人追求真善美，在实际生活中扬长避短，用顽强的毅力克服自身的缺点和不足。

人生是绚丽的，因为它有理想；青春是美好的，因为它有朝气。没有理想，在漫长的人生道路上就没有方向，就没有伟大的奋斗目标。我们应当把诚实守信作为自己人格理想的重要内容，作为自己毕生所追求的目标。

（2）建立良好的人际关系

良好的人际关系会使我们产生归属感，体验到被别人关心、爱护和理解的欢乐，并以更加诚实的态度和守信的行为去对待别人。

（3）锻炼坚强的意志

坚强的意志可以促使我们诚实守信心理的形成，如果我们有了坚强的意志，就能克服内在的惰性和外界的干扰，就能及时调节、控制自己的行为，使诚实守信习惯化。

（4）培养良好的性格

性格对我们的学习、事业、生活所起的作用是广泛、深刻而持久的，它影响着人对自己、他人和社会的态度，并使自己的行为习惯化。良好的性格能使我们在态度方面客观、真实、诚恳，在行为上谨慎、积极、主动、热忱。

总之，诚信是为人之本，是真善美的高度统一，是一切德行的基础和根本。由诚而善，由信而亲。诚实守信可以保证我们与人友好相交，赢得别人的信任，取得事业的成功。

贴心小提示

现在我们男人也许深感信用危机的严重性和危害性，但埋怨没有用，更不能等待。重树社会信用必须靠每个人的努力，要从现在做起，从自己做起，你才能找回诚实守信的自己！

学会尊重别人。不要轻易伤害别人的感情，谎言一旦被揭穿，往往是最伤害人心的。

三思而后言。如果你所要说的话可能会伤害别人的感情，也许保持沉默是最好的方式。

信守承诺。说到做到，如果做不到，就千万别随便许诺。

欠别人的一定要还。不管你欠别人什么，一定要还，这是我们诚实守信的第一步。

与他人共享。一个诚实的人不会为自己编造故事，诚实从不伪装自己开始。

诚实对待自己。你是有良心的，你的虚伪让你不敢面对自己的良心，你用了各种借口来欺骗自己，现在坦然面对自己吧！

与诚实的人交往。物以类聚、人以群分，如果你天天与虚伪的人打交道，你也会变得虚伪。

让我们告别虚伪，让诚实来到我们身边吧。

第五章　获取成功的心理素质

　　成功的心理素质是指个体在适应与应对环境过程中表现出来的良好心理品质。如果你真的想要获得成功，你必须要有强烈的成功欲望，就像你有强烈的求生欲望一样。成功起源于强烈的企盼，孕育于痛苦的挣扎，是寻找自我最终超越自我的一种结果。一个人事业成功与否，很大程度上取决于个体是否拥有成功的心理素质。

让自卑心理变为自信

自卑，就是自己轻视自己，看不起自己。自卑心理严重的人，并不一定就是他本人具有某种缺陷或者短处，而是不能悦纳自己，自惭形秽，常常把自己放在一个低人一等、不被自己喜欢、进而演绎成别人看不起的位置，并由此陷入不可自拔的境地。自卑对我们的发展会产生很多危害，因此我们应该树立自信，寻找成功。

1. 认识自卑与自信

在社交中，具有自卑心理的男人孤独、离群、抑制自信心和荣誉感，当受到周围人的轻视、嘲笑或侮辱时，这种自卑心理会大大加强，甚至以畸形的形式，如嫉妒、暴怒、自欺欺人的方式表现出来。

自卑是一种低劣心理，是一种消极的心理状态，是实现理想或愿望的巨大心理障碍。自卑的人往往都是失败的俘虏、被轻视的对象，严重的自卑心理能导致一个人颓废、落伍、心灵扭曲。因此，自卑是成功的敌人。

通常，自卑感强烈的人往往有过一些特别严酷的经历，有心理创伤。

但是，在遭遇同样心理创伤的情况下，并非所有的人都会产生自卑感，因为我们的心理创伤并不是完全起因于外部的刺激，还有我们主观性格的原因。自卑感较强的人一般具有小心、内向、孤独和偏见、完美主义等性格特征。

造成自卑心理的原因还有很多，如我们生理素质方面的，五官不够端正、过胖、过瘦、过矮、口吃、身体有残疾、缺陷等；社会环境方面的，如出身农村、经济条件差、学历低、工作环境不好、家庭或单位的影响等。

自卑是苦恼和痛苦的，因此我们自卑者总是想方设法要去掉这个心病。

自卑的对立面是自信，自信就是我们自己相信自己，自己看得起自己。别人看得起自己，不如我们自己看得起自己。

我们男人常常把自信比作发挥能动性的燃料，启动聪明才智的马达，这是很有道理的。我们要确立自信心，就要正确地评价自己，发现自己的长处，肯定自己的能力。

如果我们只看到自己的短处，似乎是谦虚，实际上是自卑心理在作怪。尺有所短，寸有所长，我们每一个人都是平等的，只是分工不同。

我们每个男人都有自己的长处和优点，并以己之长比人之短，就能激发自信心。我们要学会欣赏自己，表扬自己，把自己的优点、长处、成绩、满意的事情，统统找出来，反复刺激和暗示自己。

当然自信不是让我们孤芳自赏，也不是让我们夜郎自大，更不是让我们得意忘形，而是激励我们自己奋发进取的一种心理素质，是以高昂的斗志，充沛的干劲，迎接生活挑战的一种乐观情绪，是战胜自己、告别自卑、摆脱烦恼的一剂灵丹妙药。

2. 去除自卑的方法

自卑是一种消极的心理状态，是实现理想的巨大心理障碍。自卑让我们成为失败的俘虏，严重的自卑还会导致我们心灵的扭曲，使我们走向消极。虽然造成我们自卑的具体原因不同，但是，无论是哪一种原因造成的，自卑绝不是绝症。

只要我们男人有决心，能够正确认识，能够对症下药，就可以克服一切。那么我们该如何克服自卑心理呢？

（1）查找原因

我们应该正确分析自己的自卑感形成的原因，然后对症治疗。

如果是家庭环境造成的，我们就应该告诉自己，长辈的挫折不能传递给我们。作为一个正直的人，应该开拓新的人生道路，而不应该总是心灰意冷地龟缩在长辈们留下的阴影里。如果是因为父母错误的教育方式造成的，我们就应该树立起自信心，通过自己的努力和勤奋证明自己与别人一样，有头脑，能干，同样可以像别人一样取得成功。

（2）择友

我们要有意识地选择与那些性格开朗、乐观、热情、善良、尊重和关心别人的人进行交往。在交往的过程中，你的注意力会被他人所吸引，会感受到他人的喜怒哀乐，从而跳出个人心理活动的小圈子，心情也会变得开朗起来，同时在交往中，能多方位地认识他人和自己，通过有意识的比较，可以正确认识自己，调整自我评价，提高自信心。

（3）暗示自己

我们要不断提高对自我的评价，对自己做全面正确的分析，多看看自己的长处，多想想成功的经历，并且不断进行自我暗示、自我激励，如"我一定会成功的""人家能干的，我也能干，不比他们差"等，经过一段时间的锻炼，自卑心理会被逐步克服。

（4）从能胜任的事情做起

我们要想办法不断增加自己成功的体验，寻找一些力所能及的事情作为试点，努力获取成功。如果第一次行动成功，使自己增加了自信心，然后再照此办理，获取一次次的成功，随着成功体验的积累，我们的自卑心理就会被自信所取代。

3．树立自信的要诀

我们男人要记住一句话：没有永远的困难，也没有解决不了的困难，只是解决时间的长短而已。困难与人生相比，它只不过是一种颜料，一种为人生增添色彩的颜料而已。当我们遇到困难的时候，不要逃避问题或是借酒消愁，只要我们对自己有信心，那么什么困难都难不倒我们。那我们如何才能提高自己的自信心呢？

（1）克服自卑

我们首先要克服自卑的心理，才可能树立自信心。只要努力，方法得当，那么什么事都能办到。

（2）昂首挺胸

遇到挫折而气馁，垂头丧气是失败的表现，是没有力量的表现，是丧失信心的表现。成功的人，获得胜利的人总是昂首挺胸，意气风发。昂首挺胸是我们富有力量的表现，是自信的表现。

（3）行走时要有力

心理学家告诉我们，懒惰的姿势和缓慢的步伐能滋长人的消极思想，而改变走路的姿势和速度可以改变心态。

（4）坐在前面

坐在前面能建立我们的信心，因为敢为人先，敢上人前，敢于将自己置于众目睽睽之下，就必须有足够的勇气和胆量。久而久之，我们的这种行为就成了习惯，自卑也就在潜移默化中变为自信。

另外，坐在显眼的位置，就会放大我们在他人视野中的比例，增强反复出现的频率，起到强化自己的作用。把这当作一个规则试试看，从现在开始就尽量往前坐。虽然坐在前面会比较显眼，但要记住，有关成功的一切都是显眼的。

（5）正视别人

心理学家告诉我们，不正视别人，意味着自卑。正视别人则表露出的是诚实和自信。同时，与人讲话看着别人的眼睛也是一种礼貌的表现。

（6）当众发言

当众发言是我们克服羞怯心理、增强自信心、提升热忱的有效突破口。这可以说是克服自卑的最有效的办法。

想一想，我们的自卑心理是否多次发生在这样的情况下？我们应明白：当众讲话，谁都会害怕，只是程度不同而已。所以我们不要放过每次当众发言的机会。

（7）善于表现

心理学家告诉我们，有关成功的一切都是显眼的。试着在乘坐地铁或公共汽车时，在较空的车厢里来回走走，或是当步入会场时有意从前排穿过，以此来锻炼自己。

（8）保持笑容

没有信心的人，经常眼神呆滞、愁眉苦脸，而我们雄心勃勃的人，则眼睛总是闪闪发亮、满面春风。

我们人的面部表情与人的内心体验是一致的。笑是快乐的表现。笑能使我们产生信心和力量，笑能使我们心情舒畅、精神振奋，笑能使我们忘记忧愁、摆脱烦恼。

学会笑，学会微笑，学会在受挫折时微笑面对，就会提高我们的自信心。

贴心小提示

朋友们，我们人人都能忍受灾难和不幸，并能战胜它们。下面看看应该怎么做吧！

首先对自己抱有希望。如果你连使自己改变的信心都没有，那就不要再向下看了……

表现得好像自信十足，这会使你勇敢一些。想象你的身体已接受挑战，显示自己并不是全然的害怕。

停下来想一想，别人也曾面对沮丧和困难，却克服了它们，别人既然能做到，当然你也能。

记住：你的生命是以某种节奏前进，你若感到失意消沉，无力面对生命，你也许会沉至谷底；但是你若保持自信，便可能利用当时正扯你下坠的那股力量，跃出洼谷。

记住：夜晚比白天更容易使你感到挫败和气馁。自信多与太阳一道升起。

只有想不到的事情，没有干不成的事情。

我们大多数人所拥有的自信，远比我们想象的更多。

克服局促不安与羞怯的最佳方法，是对别人感兴趣，并且想着他们。然后胆怯便会奇迹般消失。为别人做点事情，举止友好，你便会得到惊喜的回报。

只有一个人能治疗你的羞涩不安，那便是你自己。没有什么方法比"忘我"更好。当你感觉胆怯、害羞和局促不安时，立刻把心思放在别的事情上。如果你正在演讲，那么除了演讲，一切都忘了吧！切莫在意别人对你和你的演讲如何看。忘记自己，继续你的演讲。

只要下定决心,就能克服任何恐惧。请记住:除了在脑海中,恐惧无处藏身。

将恐惧心理调整为无畏

恐惧心理,是在真实或想象的危险中,一个人所感受到的一种强烈而压抑的情感状态。其表现为:神经高度紧张,内心充满恐惧,注意力无法集中,脑子里一片空白,不能正确判断或控制自己的行为,变得容易冲动。

所以我们男人要塑造坚强的个性品质,培养自己勇敢无畏的精神,自觉克服恐惧心理,这样才能让自己做起事来勇往直前,直到成功。

1. 认识恐惧与无畏

我们许多男人特别是年轻人由于缺乏社交场合锻炼,初涉世事,当与陌生人接触时,在众目睽睽之下,尤其是需要回答问题或做演讲时,由于过度紧张便会出现脸红心跳、语无伦次、动作拘谨等失常现象。

我们平时可能讲起话来滔滔不绝,可一到正式场合就显得十分紧张,支支吾吾的什么也说不上来。

有的人在参加考试前失眠、进考场后晕场,有的在参加重大比赛时怯场、不能发挥正常水平。

恐惧心理的产生与我们过去的心理感受和亲身体验有关。俗话说:"一朝被蛇咬,十年怕井绳。"我们如果在过去受过某种刺激,大脑中就会形成一个兴奋点,当再遇到同样的情景时,过去的经验被唤起,就会产生恐惧感。

恐惧心理还与我们的个人性格有关。一般从小就害羞、胆量小的人,长大以后也不善交际，孤独、内向的人，易产生恐惧感。

恐惧心理对我们男人的身心健康损害极大。之所以心理学家对恐惧心理的治疗研究一直颇为热衷，是因为外部环境和躯体本身的致病因素，常常首先使人产生恐惧的情绪反应，然后才产生其他心理、生理功能的异常变化。因此对人的身心健康危害最大的就是恐惧心理。

当我们产生恐惧时，常伴随一系列的生理变化，如心跳加速或心律不齐、呼吸短促或停顿、血压升高、脸色苍白、嘴唇颤抖、嘴发干、身冒冷汗、四肢无力等，这些生理功能紊乱的现象，往往会导致或促使躯体疾病的发生。

另外，恐惧会使我们男人的知觉、记忆和思维过程发生障碍，失去对当前情景分析、判断的能力，并使行为失调。如旅馆失火时，住在旅馆里的人常常显得慌乱、紧张、不知所措，争先恐后往外跑。

长期处于恐惧状态中，会严重地影响我们的寿命。两只同窝出生的羊羔在相同的阳光、水分、食物条件下生活，一只与拴着的狼为伴，因恐惧而不思饮食、消瘦而死亡，另一只则健康生长。

俗话说"狭路相逢勇者胜"，勇敢无畏才能让我们克敌制胜。所以我们要从平时做起，积极勤奋地学习，不断锤炼自己的意志，努力防止和消除恐惧心理对自己的影响。培养自己勇敢无畏的心理，让自己健康成长，获取成功，享受快乐。

2．消除恐惧的方法

由于恐惧心理对我们的成功影响很大，而且还会影响我们的身心健康，所以我们一定要想办法消除恐惧心理。那我们该如何做呢？

（1）树立自信

自信自立是我们男人消除恐惧心理的前提。要知道，每增加一分自信，我们就会多一分勇气，就能消除一分恐惧。在恐惧面前，多想克敌制胜的长处，多回忆自己努力后成功的事例，这样就能牢固树立克服恐惧的信心。

（2）勤奋苦练

我们首先要正视恐惧的对象，也就是要弄清自己到底怕什么，不要强迫自己回避感到恐惧的事物，也不要掩盖自己的恐惧感。

我们要主动、积极地去接触恐惧的东西，例如，如果害怕在人前讲话，那么偏在人前讲话。

我们要注意在日常训练中要对疑虑不解的问题耐心地找出正确的答案，变疑虑为了解，增强制胜心理，消除恐惧的根源。当我们知识完备的时候，所有的恐惧将统统消失。

（3）向榜样学习

榜样的力量是无穷的，我们要善于用英雄人物勇敢无畏的精神激励自己，相信世界上没有征服不了的困难，没有克服不了的恐惧，从而在平时的训练和生活中勇敢地面对恐惧，战胜恐惧。

（4）转移视线

在恐惧的时候，我们男人可以将自己的注意力从恐惧的对象上转移到其他无关的方面，淡化恐惧，并消除恐惧，反复接受引起恐惧事物的刺激，习惯成自然后，也就不再恐惧了。

相信通过以上的不同方法，我们已经能够逐渐克服自己的恐惧心理了。不过克服了恐惧，并不代表我们就已经无畏，在特定的条件下，恐惧心理还可能产生，这就要我们不断克服，真正让自己勇敢起来。

3．做到无畏的要诀

无畏就是大胆，就是勇敢，不惧怕，具有冒险精神，自信，和自我肯定。无畏增加了我们生活的勇气和信心,增加了我们对于成功的体验,我们该如何让自己变得无畏呢?

(1) 心底无私

无私才能无畏,我们不能处处时时都以自己的利益为出发点,那样不可能无畏。

(2) 磨炼性格

性格坚强的人才会勇敢,所以我们平时要注意在艰苦的环境下磨炼自己的性格,学会吃苦耐劳,不能娇惯自己。

(3) 知识积累

知识是力量的源泉,无论我们做什么事情,都需要知识和技能。有了知识技能,我们去做事的时候才心里有底,才会具有勇往直前的信心和勇气,否则心里没底,又怎么会勇敢呢?

(4) 道德修养

要注意培养我们的社会公德意识和正义感,是非分明,爱憎分明,明白哪些事情是值得自己出力出汗甚至献身的,哪些事情是不值得那样做的,这样你的勇敢才能用到正地方,才会为正义、为社会、为大众激发出勇气,并勇敢投入。

贴心小提示

朋友,你还在忍受着恐惧的困扰吗?现在告诉你一个有用的小方法吧!它能一步一步让你变得勇敢无畏。

首先把能引起你紧张、恐惧的各种场景,按由轻到重依次列成表,越具体越好,分别抄到不同的卡片上,把最不令你恐惧的场景放在最前面,把最令你恐惧的放在最后面,卡片按顺序依次排列好。

然后进行松弛训练。坐在一个舒服的椅子上，有规律地深呼吸，让全身放松。进入松弛状态后，拿出上述系列卡片的第一张，想象上面的情景，想象得越逼真、越鲜明越好。

如果你觉得有点不安、紧张和害怕，就停止想象，做深呼吸使自己再度松弛下来。

完全松弛后，重新想象刚才失败的情景。若不安和紧张再次发生，就再停止后放松，如此反复，直至卡片上的情景不会再使你不安和紧张为止。

拿出下一张卡片，按同样方法继续下一个更使你恐惧的场景。注意，每进入下一张卡片的想象，都要以你在想象上一张卡片时不再感到不安和紧张为标准，否则，不得进入下一张卡片。

当你想象最令你恐惧的场景也不感到紧张时，便可再按由轻至重的顺序进行现场锻炼，若在现场出现不安和紧张，也同样让自己做深呼吸放松来对抗，直至不再恐惧、紧张为止。

将狂妄之心转化为低调

狂妄是一种致命性的心理缺陷。这类人多表现为目中无人，自以为是，是一种缺乏修养的表现。狂妄的人常常在无意中伤人，也常常因为这种秉性而使自己受伤。就客观而言，有些人，并不是没有才华，之所以不能施展才华，就是因为太狂妄。没有人乐意与一个不可一世的人共事，更没有人乐意帮助一个出言不逊的人。所以为人还是低调一点的好。

1. 认识狂妄与低调

狂妄是一种极端放肆、极端高傲的心态。狂妄在我们身上通常表现为妄自尊大、自命不凡、肆无忌惮、目中无人。

狂妄是极端的自高自大，通俗地说，就是对自己给予过高的评价，对他人给予过低的评价，甚至不把他人放在眼里。狂妄自大是自我意识的膨胀、扩大，属于一种消极的自我意识。

狂妄比骄傲更甚，我们男人骄傲的时候不过是对自己的长处自吹自擂，自高自大，尽管也有夸大的成分，但绝不会到肆无忌惮、恣意妄为的程度，也绝不会达到口出狂言、放肆无礼的程度。

狂妄者都是拿着放大镜看自己的长处，甚至把缺点也视为长处，拿显微镜看他人的短处，把别人的细微的短处找出来。

狂妄者容易产生盲目乐观的情绪，自以为是，不易处理好人际关系。而且会对自己提出过高的要求，承担无法完成的任务、义务，从而导致失败。

狂妄者没有认识到世界上没有十全十美的人，每个人都有优缺点，都有自己的长处和短处。正是因为对自己的高估才导致对别人的低估。

具有狂妄心理问题的人，会时不时表现出狂妄心态和行为。

当我们议论、研讨某个问题时，其不管自己对议论和研讨的内容是否熟悉，都会情不自禁地大放厥词、高谈阔论，全然不顾他人的感受，也绝不会给人留一点情面。

当他们听到有人褒扬他人时，就会嗤之以鼻，认为只有自己才有资格受此殊荣。

于是，他们往往大言不惭地吹嘘自己，千方百计地贬低他人，把他人说得一无是处，以显示自己才是"鸟中凤凰"。

有狂妄心理的人还会制造显示自己狂妄的情景。例如他们在与人交往时，会竭力表现自己与众不同的优越感，以慑服众人，从而盛气凌人，显得不可一世、唯我独尊。

狂妄只能让我们失败，这是被无数事实证明了的客观规律。纵观历史，只有低调务实的人，才能在事业上有所成就。

狂妄很容易伤害别人，同时也会让别人看不起。因为一个人的能力不是靠嘴吹的，我们一定要学会低调做人，这样才能让自己有所成就。

2．去除狂妄的方法

有狂妄心理的人，需要对自己做一番全新的评价和估计，将自己从自以为是的陷阱中拉出来，并且重新学习与人相处。否则，在社会上是难以立足的。那么，怎样纠正狂妄心理呢？

（1）了解别人

狂妄的人通常都是以自我为中心，不了解他人的需求。长期坚持对他人进行了解之后，我们就会由自我世界中走出来，随之我们的自以为是也会慢慢地消逝。

（2）调整动机

达到或超过优异标准的愿望，是我们认真地去完成自己所认为重要或者有价值的工作，并欲达到某种理想地步的一种内在推动力量，正是这种力量推动我们奋发图强。

我们要实事求是地评价自己的能力、知识水平，定出符合自己实际能力的奋斗目标。

（3）善于学习

我们要虚心地取人之长，补己之短。诚然，谁都不可能成为无所不能、万事皆通的全才，然而，只要我们虚心地向别人学习，善于把别人的长处变成自己的长处，那么必定会越来越聪明、越来越进步。

（4）接受批评

接受批评是根治我们狂妄心理的最佳办法。狂妄者的致命弱点是不愿意改变自己的态度或接受别人的观点，接受批评即是针对这一特点提出的方法。

这并不是让狂妄者完全服从于他人，只是要求其能够接受别人的正确观点，通过接受别人的批评，改变过去固执己见、唯我独尊的形象。

（5）平等待人

狂妄者视自己为上帝，无论在观念上还是行动上都无理地要求别人服从自己。平等相处就是要求狂妄者与别人平等地交往。

（6）谨言慎行

我们男人不能由着自己的狂妄性子口若悬河，到处吹嘘自己，更不能目空一切，损人无礼。我们要知道天外有天，人外有人，即使本事再大，也必定有不足之处、不懂之理，狂妄只能被人鄙视，被人厌恶，被人嫌弃。只有实事求是地评价自己，凡事谦虚小心，多看到自身的不足，多学习他人的长处，才能消除狂妄之心和狂妄之举。

3．学会低调的要诀

克服了狂妄心理，我们还要学会低调做人。战胜了自己的狂妄，只是医治了我们心理上的问题，还没有真正学会如何做人。只有学会低调做人，你才会越来越稳健，才能赢得别人的尊敬，从而走向成功。我们该如何学会低调呢？

（1）谦卑处世

谦卑是一种智慧，是我们为人处世的黄金法则，只有懂得谦卑，我们才能真正得到人们的尊重，受到世人的敬仰。

（2）要有忍耐力

要成就大业，我们就得分清轻重缓急，该舍的就得忍痛割爱，该忍的就得从长计议，这样才能实现理想。

（3）懂得让步

懂得让步才能让我们化敌为友，才能有良好的人际关系。

（4）不要恃才傲物

当你取得成绩时，你要感谢他人、与人分享、为人谦卑，如果你习惯了恃才傲物，看不起别人，那么总有一天你会独吞苦果！

（5）学会谦逊

我们懂得了谦逊，才能懂得如何积蓄力量，才能在生活、工作中不断积累经验与教训，最后达到成功。

（6）不揭人伤疤

我们不能随便拿朋友的缺点开玩笑，不要以为你很熟悉对方，就能随意取笑对方的缺点，揭人伤疤。那样就会伤及对方的人格、尊严，违背开玩笑的初衷。

（7）放低姿态

面对别人的赞许恭贺，我们应谦和有礼、虚心，这样才能显示出自己的君子风度，才能保持和谐良好的人际关系。

总之，低调做人是我们为人处世的一门艺术，是一种诗意栖居的智慧，是一种谦虚谨慎、超然洒脱和优雅的人生态度，是一种海纳百川的胸襟、一种圆熟睿智的情怀，更是赢得人生、取得成就的法宝。

贴心小提示

你如果学会了低调做人，那么你就会很容易融入环境，并得到意想不到的成功。现在告诉你一些低调做人的方法吧！

1. 尽快熟悉环境

你如果现在在找工作，那么在入职前后都要进行"探险"，也就是熟悉新环境。"探险"的结果最终决定了你以什么形象出现在公司，用什么样的方式进行日常工作，怎样与领导和同事们打交道。

2. 丢掉幻想

现实就是现实，你一定要根据现实的环境调整自己的期望值和目标。先要站好眼前的岗，做好每项负责的工作，让你的老板发现你的潜质。

3. 脚踏实地

你可以从整理报纸文件、接听电话等做起，为其他同事做些辅助性工作，如打印资料、填写简单表格等，业余时间打扫一下卫生、帮同事倒水，给人留下勤快的印象，融入同事中，和同事们相处和谐。

4. 虚心学习

做任何事情都要满怀热情，你需要学习的东西很多。你从上班第一天开始，锻炼自己各方面的能力，取长补短，要保持谦虚的心态，虚心、耐心、热心、诚心，这是成功必备的基本素质。

5. 妥善处理关系

与周围同事搞好关系，同事们可以帮助你、指点你、向你传授经验。管好自己的嘴，只知道抱怨是不会得到老板赏识的。

将易发的冲动转化为冷静

冲动是我们男人常常犯错的根源。遇事冲动的人考虑问题肤浅，不计后果，很容易酿成悲剧。所以，将易发的冲动转化为冷静对人生的发展十分重要。克服冲动的良药是冷静，我们要变热处理为冷处理，这样我们才会及时解决问题。

1. 认识冲动与冷静

我们男人在冲动的时候，思维要么非常混乱，做事情就会乱套，没了章法。要么头脑变得一根筋，做事情很容易走偏，对眼前的棘手问题想做出及时正确的反应几乎是不可能的。

生活中我们时常听到这样的事情，某人跳楼自杀后，其朋友都说他平时是很平静、很容易沟通的，没听说过他和谁积过怨，甚至都不知道他会有什么想不开的地方。

或者某人动刀砍人犯罪之后，说是自己之前从未想过要砍人，和被砍的人也只是因为小事而冲突起来的。

那为什么会发生这样的事呢？其实是因为我们在冲动的时候容易做出一些平时连想都不会去想的事情，从而导致了对自己或是对他人的伤害。

冲动是魔鬼，我们往往会由于一时冲动做出不理智的事，如喜欢冲动的人常常会因为一些小事，甚至一句过激的话，就和别人打起来。

冲动让我们缺乏冷静，不懂宽容，大打出手。如果我们每个人都不能控制自己的冲动的话，那么，我们的社会将成为一个到处充满战火和硝烟、处处都是冲动和仇恨的社会。

冲动就容易犯错，如果继续冲动，错误就会继续犯下去，可能会越犯越大，不可收拾。

我们经常听说这样一句话"聪明一世、糊涂一时"，有些错误犯了之后，可能会遗憾终生。古往今来，就连很多英雄好汉也是死于冲动，如桃园结义的刘备、关羽、张飞三兄弟均因冲动而死。

生活中，特别是在集体生活中，我们每个人都难免与别人产生摩擦、误会，甚至仇恨。心胸狭窄的人无法容忍一点点摩擦和误会，遇事冲动，咽不下一点气，他们的人生之路是狭窄的。

而心胸宽广的人却善于化敌为友，因为他的心里没有仇恨，只有冷静、宽容和忍让，他的朋友越来越多，他的人生之路越走越宽。人生之路上，别忘了在自己的心里装满宽容，忘掉仇恨，远离仇恨，那样就会少一份阻碍，多一份成功。

2. 消除冲动的方法

在我们的日常生活中，每个人都会有冲动的时候，偶尔的冲动是可以理解的。但如果经常冲动，而且是未经考虑的自发行为，往往会导致一些不良的后果。这种处事方式既不利于我们的健康，也会破坏与他人的关系。那我们应该怎样克服爱冲动的缺点呢？

（1）正确看待问题

冲动行为一般是自己遇到不满意的事情时发生的。这个时候，我们男人应该认识到，世界上的事情不是每件都按自己的意愿发展的。既然事情已经发生，我们就应该考虑怎样去解决它，不能感情用事。

（2）适当发泄

当你情绪激动时，一定要保持冷静，换一个环境，进行深呼吸放松自己，把自己从不愉快的事情中拉出来。心中告诫自己：冲动的后果会让自己后悔的！当自己的情绪稳定以后，可以找父母、朋友，把自己心中的不满和愤怒倾诉出来。

（3）学会容忍

只有让心的容量变得更大，只有让心的韧性变得更强，我们才能更好地驾驭冲动这匹野马，才能在生活中享受快乐。

（4）三思而后行

冲动情绪往往是由于我们对事物及其利弊关系缺乏周密思考引起的，在遇到与自己的主观意向发生冲突的事情时，若能先冷静想一想，不匆促行事，情绪也就冲动不起来了。

（5）锻炼自制力

易冲动的一个重要因素在于我们男人本身缺乏自制力，自己掌控不了自己的情绪，像个易燃品见火就着，所以在发现自己可能冲动的时候，要学会克制自己，这也就是人们常说的变热处理为冷处理。

（6）扩展心胸

冲动情绪的产生往往和我们男人的心胸、气度有关，如果我们对有损自己的言行有一种容忍精神，经得起错误的批评甚至冤枉，能够委曲求全，克己让人，冲动也就不那么容易产生了。

（7）听从劝告

我们在情绪冲动的时候，旁人的劝告能使自己从牛角尖中走出来，对自己的激烈情绪起到缓冲作用。

（8）理智对待

当你被别人讽刺、嘲笑时，如果你顿显暴怒，反唇相讥，则很可能双方争执不下，怒火越烧越旺，这样于事无补。

但如果此时你能提醒自己冷静一下，采取理智的对策，如用沉默为武器以示抗议，或只用寥寥数语正面表达自己受到伤害，指责对方无聊，对方反而会感到尴尬。

（9）暗示法

当我们察觉到自己的情绪非常激动、眼看控制不住时，可以及时采取暗示、转移注意力等方法自我放松，鼓励自己克制冲动。

可以在心里对自己说"不要做冲动的牺牲品，没什么大不了的"等，或转而去做别的事情，或去一个安静平和的环境，这些都很有效。我们可能只需要几秒钟、几分钟就可以平息下来。

3. 做到冷静的要诀

保持冷静，需要我们男人平时形成习惯，不仅要克服自己的冲动心理，还要有一个冷静的头脑，让自己处事不慌。那么我们该如何做到冷静呢？

（1）驾驭愤怒

要想做到冷静，首先我们得能够驾驭愤怒。愤怒是一种激烈的情绪的表现，偶尔一次也无不可，但经常发怒不好，会让我们失去冷静的习惯。

发怒了，情绪失控了，不妨拖延一下，转移一下。可以数数字，慢慢数，可能等你数到60的时候，火也就发不起来了！

（2）克服紧张情绪

压力、矛盾、冲突、风险、危机，很容易使我们紧张，失去应有的冷静，变得手足无措。

过度的紧张对工作对身体对生命都没有好处，我们可以通过沟通协调、学会享受、参加一些文明的娱乐活动等来消除紧张的情绪。

（3）摆脱消极情绪

消极情绪本身就是一种不冷静的态度，我们可以经常培养自己的积极情绪，以热情、开放的心态，自己找乐趣。

（4）合理宣泄情绪

长期受不良情绪影响，会在心里积累并可能最终爆发，让我们心理失控，不能冷静。

我们要适当宣泄，可以到一个没有人的地方大叫，大叫的时候可以做一些夸张式的动作，人便会放松下来。

（5）多学知识

我们的修养同自己的文化知识的多少关系很大，看的东西多了，知道的东西多了，就不会为了一些无关大局的事情发火，涵养是知识陶冶出来的。

总之，冷静是我们男人成功的智慧之一，它可以让我们把自己的潜力真正发挥出来，让我们学会应对复杂的局面，从而取得成功。

贴心小提示

当作为男人的你受到一时的刺激，感到有压力或无法平静的时候，不知道要怎么做才能冷静下来？下面介绍几种方法，或许能让你从中受益。

当你生气或觉得被冒犯的时候，用你的鼻子吸气，用嘴巴吐气。当你觉得好过一点的时候，再慢慢停下来。

摇摆你的肩膀来缓解你的紧张。

和你的朋友聊天或者出去走走，放松一下。

找个安静的地方躺下来，闭上眼睛，听缓慢的音乐，让你的情绪从压力中释放出来，并尽力想象你身体的每一部分都是放松的。

拿一张纸记录发生的事情,并写下解决问题的步骤。等你写好后然后丢掉它,就像你把你的烦恼扔掉一样。

将悲观心理转变为乐观

心理学认为,悲观就是对人生失去信心,对任何事情都不积极,总是消极地看问题的一种心理状态。有悲观心理的人不仅自己活得不开心,也会影响身边人的情绪。

我们男人到底怎样生活才能获得幸福呢?态度决定一切。采取悲观态度生活的人所获得的是悲伤的、不幸的人生,而采取乐观态度生活的人所获得的是积极的、幸福的人生。所以我们男人应善于正面地看待问题、思考问题。

1. 认识乐观与悲观

悲观是指对世界、社会和人生充满悲观失望的态度和观点,与"乐观主义"是相对的。认为现实世界充满苦难和罪恶、人生毫无价值和幸福的人,对现实世界的事情和生活采取消极失望的态度,那么他的生活就没有幸福感,有的只是痛苦和悲哀。

一位著名政治家曾经说过:"要想征服世界,首先要征服自己的悲观。"在我们人生中,悲观的情绪笼罩着生命中的各个阶段,我们在青春时期更是不可避免。战胜悲观的情绪,用开朗、乐观的情绪支配我们的生命就会发现生活有趣得多。

悲观是一个幽灵,能征服我们的悲观情绪便能征服世界上的一切困难。我们人生中悲观的情绪不可能没有,关键是击败它,征服它。

人生不如意的事常有八九,倘若把不如意的事情看成是我们构想的一篇小说，或是一场戏剧，我们就是那部作品中的一个主角，心情就会变好许多。一味地沉入不如意的忧愁中，只能使我们变得更不如意。

"去留无意，闲看庭前花开花落；宠辱不惊，漫随天际云卷云舒。"既然悲观于事无补，那我们何不用乐观的态度来对待人生，守住我们乐观的心境呢？

用乐观的态度对待我们的人生，可以看到"青草池边处处花""百鸟枝头唱春山"；用悲观的态度对待我们的人生，我们就只能是举目"黄梅时节家家雨"，低眉即听"风过芭蕉雨滴残"。

譬如打开窗户看夜空，有的人看到的是星光璀璨，夜空明媚；有的人看到的是黑暗一片。一个心态好的人可在茫茫夜空中读出星光灿烂，增强自己对生活的自信；一个心态不好的人会让黑暗埋葬自己。

用乐观的态度对待人生就要微笑着对待我们的生活，微笑是击败悲观的最有力武器。无论生命走到哪个地步，都不要忘记用我们的微笑来看待一切。微笑着，生命才能征服纷至沓来的厄运；微笑着，生命才能将不利于我们的局面一点点打开。

守住乐观的心境实属不易，悲观在寻常的日子里随处可以找到，而乐观则需要努力，需要智慧，才能使我们保持一种人生处处充满生机的心境。

悲观使人生的路越走越窄，乐观使人生的路越走越宽，选择乐观的态度对待人生是一种机智。在诸多无奈的人生里，仰望夜空看到的是闪烁的星斗；俯视大地，大地是绿了又黄、黄了又绿的美景……这种乐观是坚韧不拔的毅力支撑起来的一种风景。

人生何处无风景，关键看保持一个什么样的心境。守住乐观的心境，"不以物喜，不以己悲"，我们就能看遍天上胜景，"览尽人间春色"。

2．消除悲观的方法

人活着就是为了生活得更快乐，更幸福，而幸福的生活是要靠自己努力争取来的。我们为了追求自己的幸福，就有了为之奋斗的欲望，我们就必须使自己努力工作，在工作中寻找乐趣，让单调乏味的工作充满兴趣，使我们无忧无虑，保持身心健康，平和而安逸地生活，快快乐乐地过每一天。

（1）要树立正确的人生观

人为万物之灵，这是因为人具有思维能力，即人所独有的极其复杂、丰富的主观内心世界，而它的核心就是人生观和世界观。如果有了正确的人生观和世界观，一个人就能对社会、对人生、对世界上的万事万物保持正确的看法，能够采取适当的态度和行为，就能使人站得高、看得远，做到冷静而稳妥地处理各种问题，从而保持乐观的生活态度。

（2）不要对自己过分苛求

我们应该认识到，每个人的能力是有差异的，且都有一定限度，都具有优势和劣势两个方面。

只有当我们充分了解了自己的能力，才能确定适合自己的追求目标，并能通过努力最终实现预定目标。在获得成功的过程中，个人需求得到满足，个人价值就得以体现，从而进一步增强我们的自信心，并使我们的心理达到良好的状态，而目标过高必然会得到相反的结果。

（3）学会自我调控情绪

积极向上的情绪，能够使我们心情开朗、感觉轻松、心态稳定、精力充沛，对生活也能够充满热情与信心。因此，生活中应该避免不良情绪的发展，遇到不好的事情，就要换个方法、变个方式思考，那么，我们就会有大的收获。

（4）向适合的对象进行倾诉

我们生活中难免会遇到一些挫折和痛苦，千万不能让由此产生的抑郁在心中沉积成为永远解不开的烦恼。及时向亲人、朋友等合适的对象进行倾诉，将会获得更多的情感支持和理解，能够获得解决问题的思路，能够增强克服困难的信心。

（5）积极地参加集体活动

我们作为社会的一员，就必须生活在社会群体之中，通过集体活动，我们可以增强同事、朋友之间的交流、理解，并从中得到启发和帮助。搞好人际关系，可使我们的心胸开阔，我们更能感受到足够的社会安全感、信任感和激励感。

3. 保持乐观的要诀

乐观是一种最为积极的性格因素之一，是一种生活态度。乐观就是无论在什么情况下，也要保持良好的心态，也要相信坏事情总会过去，相信阳光总会再来的心境。

人的一生最重要的就是快乐！快乐是一种积极的处事态度，是以宽容、接纳、豁达、愉悦的心态去看待周围的事物。乐观之人往往将人生的感受与人生的生存状态区别开来，认为人生是一种体验，是一种心理感受，即使人的境遇会受外来因素影响而有所改变，也许无法通过自身努力去改变客观存在的事实，但是可以通过自己的精神力量去调节心理状态，保持最佳的心理状态。

我们在工作和生活中，难免会遇到这样或那样的问题，现实生活不是真空，不如意的事情是难免的。生活虽然是残酷的，可路是人走出来的。穷途未必是绝路，绝处也可逢生。比如，在现实生活中有许多人身残志坚，在残酷的命运面前，没有沮丧和沉沦，而是以顽强的毅力和恒心与疾病做斗争，经受了严峻的考验，并对人生充满了信心，最终创造出非同一般的成就。

乐观的心态是痛苦的解脱，是反抗的微笑，是笑对人生的豁达。笑是一种心情，时时有好心情才能生活好、工作好。对于我们每个人来讲，我们在生活中都会遇到一些不如意的事情，但是我们要始终保持积极、乐观的态度，认真解决好问题，才能发现生活的乐趣。真正的乐观是朴实的、豁达的、坦诚的，与财富、权力、荣誉无关。

面对困难，我们不要退缩，我们不应该放弃；面对失败，我们不能伤心落泪；面对伤痛，我们不会让眼泪白流，我们不能因伤痛而失去勇气；面对所有事情，我们都要乐观向上。

乐观向上，是一种精力充沛、心胸豁达的体现；乐观向上，能够打败斤斤计较和患得患失的小气；乐观向上，能够甩开消沉的意志，能够克服低落的情绪和自我封闭；乐观向上，能够消除举棋不定、畏首畏尾的怯懦。

我们的成功，是有乐观相伴的，因为乐观向上，能够使我们冲破磕磕绊绊，能够使我们向最高峰高喊："我永不放弃！"一个乐观者在忧患中总能看到一线闪光的希望，而悲观者却在每一个机会中只能看到忧患。聪明的你会选择哪一个呢？我们应该如何保持乐观呢？

（1）善于人际交往

良好的人际关系，会使一个人乐观愉快。孤僻的人，不善交往的人，他们不快乐，因为他们缺乏与人沟通，不能理解和信任别人，他们缺少友谊。当他们有苦恼时，没处诉说，于是只好憋在心里，从而就会感到不快乐。

（2）参加娱乐活动

多参加一些活动，如沙龙、联谊会、庆祝会等，这会使我们的心情时常保持一种良好的状态。在这些活动中，我们可以结交很多朋友，甚至会结交一些志同道合的朋友。参加这些活动能陶冶我们的情操，使我们遇烦事苦闷时能转移心情和注意力。

（3）主动帮助他人

我们要学会向他人展示信心，并把信心传递给他人。自卑、孤僻的人，他们与乐观绝缘，因为他们时常处于一种封闭状态，他们不愿与别人交往，当然更谈不上去爱别人、去帮助别人。一个人若不愿与人交往，久而久之，别人也会越来越疏远你，你就会越来越孤独，就会感到越来越不快乐。

相反，我们若时常主动去帮助他人，一方面，能得到他人的感激和肯定，另一方面，也能体现我们的价值，别人也愿意与我们交往，我们就会感到自己是一个快乐的人。

（4）有宽容之心

有一些人，情绪总是不稳定、波动大，总认为别人和自己过不去。其实，在生活和人际交往中，难免会磕磕碰碰，我们要学会宽容，要大事化小、小事化了。

俗话说："你敬人一尺，人敬你一丈。"对于我们的宽容，大多数人是会接受并与我们同行的。我们若不能容忍，就会想办法去对付和报复。这样，一报还一报，永远没完没了，我们也不会感到快乐。因此，对人要宽容一些。

（5）辩证地看待生活

生活中有酸、甜、苦、辣，既有甜蜜的部分，也有令人苦恼的部分。就是因为生活什么都有，所以才有意义。

名人、伟人有他们辉煌、灿烂的一面，但也有他们的苦恼，甚至不幸。因此，面对生活，我们应该充满乐观，当幸福来临时，我们不可忘乎所以；当不幸降临时，我们应该坚强，笑对世界，笑对人生。

（6）学会知足而乐

人生需要目标，既需要大目标，那就是我们的理想，也需要小目标，那就是我们近日的工作和学习计划。我们的目标不要定得太虚无缥缈，因为那样难以实现，往往会导致我们失望，甚至悲观。

我们要知足，小事往往会成就人的事业，很多劳模和英雄，他们并没有惊天动地的事迹，他们都是做很平凡的小事，然而，平凡中孕育着不平凡，就是这些小事，才使他们获得了成功。因此，在制定目标及实现的过程中，我们要学会知足而乐。

总之，乐观是心胸豁达的表现，乐观是生理健康的目的，乐观是人际交往的基础，乐观是工作顺利的保证，乐观是避免挫折的法宝。

我们保持乐观的心态，将使我们的心理年龄永远年轻。当我们朝着奋斗的目标迈进时，会增加我们的愉悦与自信，我们就会自然而然地形成乐观的心态，快乐将永远与我们相伴。

贴心小提示

亲爱的朋友，下面介绍一些简单的方法，让你可以永远保持乐观的心态。

面对镜子，使你脸上露出一个很开心的笑脸来。挺起胸膛，深吸一口气，然后唱一小段歌。如果不能唱，就吹口哨。若是你不会吹口哨，就哼哼歌，记住你快乐的表情。

坚持微笑待人。俗话说："笑一笑，十年少。"笑可以使肺部扩张，促进血液循环。

学会幽默。幽默是能在生活中发现快乐的特殊的情绪表现，可以从容应对许多令人不快、烦恼、痛苦、悲哀的事情。

忘却不愉快的经历和事情。培养广泛的兴趣，既充实生活，保持心情愉快，也可以作为化解紧张情绪的手段。

当别人试图激怒你时，自我暗示："我是一个豁达的人，一个胸怀如大海的人。"

每当紧张情绪出现时，告诉自己"我是一个冷静的人"，然后进行自我放松。

人生不是以时间长短论好坏，而是以质量论高低。快乐地过一天，比烦恼地过一年更有意义！

把失望心理转变成希望

失望与希望是截然相反的一种心理。失望的特征是心灰意冷，甚至万念俱灰。这无疑会弱化并挫伤一个人的意志，会使人失去前进的动力和奋进的勇气。而希望则是一种积极阳光的心理。所以作为一个真正的男人，我们要勇于战胜失望，善于把失望变成希望。须知，希望是动力，是信念的支撑，是引领我们踏上成功之路的一盏明灯。

1. 辩证地看待失望与希望

希望与失望恐怕是我们人类所有感情中最古老的。当我们茹毛饮血的祖先在莽莽荒原中为拾得一枚野果而欢呼雀跃、为一只野兔的逃脱而捶胸顿足之时，希望与失望就已经编入了人类情感的词典。

我们今天的思维方式，感情色彩比我们的祖先要复杂多了，但这希望与失望的纠葛、牵缠恐怕仍没有太大的变化。

我们每个人的一生中总会伴随着这样那样的希望,也会同时品尝着大小不同的失望,生活就是在希望与失望的交替中向前行进着。希望时时在,失望天天有。希望越大,失望也越大。希望越多,失望也会越多。

但是,如果我们没有那么多的希望和失望,我们的人生还有什么意义?希望因失望而珍贵,失望因希望而悲壮。希望中有美,失望中也有美。只要我们能够发现美,一切就都还有希望。

希望的美大多是自然的美,而失望的美大多是理智的美,能领略、品味到失望美的人比只能或只想观赏希望美的人更充实、睿智。

失望毕竟是痛苦的,但这苦痛包含着我们人生悲壮惨烈之美。希望是向日葵,失去了太阳就找不到方向。失望是仙人掌,它告诉我们在沙漠里只有靠自己的生命力去维持自己的生命。

令人失望的事可以成为一次有积极作用的经历,因为它用事实给我们上了一课,它就像早晨洗脸用的冷水,使我们清醒过来,正视生活的现实。它提醒我们重新考察自己的愿望,以便使之更加切合实际。这正是失望与希望的辩证关系所在。

我们男人可以失掉这一件东西或那一件东西,放弃这一个想法或那一个想法,但无论如何,不能失掉和放弃生活的希望。一个没有希望的人,必然要成为自甘沉沦、淡漠处世、灰溜溜地过日子的人。

2. 消除失望的方法

我们男人往往以为形势发展不如我们所愿,我们就应该失望,就应该烦恼、消沉、失意,甚至生气。可是我们从没想到,其实正是我们自己对事物的认知角度引起了自己的失望,而那是自己可以控制的。那么我们平时该如何消除自己不良的失望情绪呢?

（1）找到根源

当我们感到失望的时候，想想是什么令我们失望，真的是因为当时的情况，还是因为某个人，或者因为他们没有按照你认为的那样表现？

我们要慢慢地让自己看清楚形势的发展，学会从一个新视角去看待问题，以正确的态度对待正在发生的事情。

如果能够这样做，我们失望的感觉就会变少，这将有助于你更好地控制情绪，更好地掌握自己的心态和行动。

（2）接受失败

爱迪生有句名言："失败也是我需要的，它和成功一样对我有价值。"失败是一种强烈刺激，对于我们来说，往往会产生增力性反应。因此失败并不总是坏事，也没有什么可怕的。面临失败，我们不能失望，而是要找出失败的原因，寻求进取之策，下一次就会成功。

（3）把失败当过程

世界上固然有一帆风顺的幸运儿，而更多的却是命途多舛、历尽艰辛的奋斗者，爱迪生发明灯泡先后试制了10000多次，无疑，其间也失败了很多次。倘若爱迪生不把自己一次次的失败当作前进的过程，不要说10000次失败，就是100次失败也足以使他望而生畏，知难而退了。因此我们要提高克服失望情绪的能力，就要增强自己承受挫折的耐力。

（4）期望适中

如果我们对外语一窍不通，却期望很快当上外文小说翻译家，岂不是自寻失望？如果我们平时学习成绩平平，却想进重点大学深造，结果难免失望。

事情的结果同我们的期望不符合，期望越是过高，失望越是常在，因此我们应该追求同自己的能力相当的目标，脚踏实地地向目标前进，这样才会得到自己想要的东西，才会少一些失望、多一些希望。

（5）适时调整

生活中，期望不只是一个点，而应该是一条线、一个面。这样的好处是，一旦遇到难遂人愿的情况，我们就有思想准备放弃原来的想法，追求新的目标。

比如我们去剧场听音乐会，原先以为自己喜爱的歌唱家会参加演出，不料他因病不能演出，我们当时会感到失望。如果我们这时将期望的目光投向其他歌唱家时，我们就会抛弃失望情绪，逐渐沉浸在艺术美的境地中，内心充满着欢悦。

（6）持之以恒

根据自己的生活与感受，我们不难发现，在我们的生活中，总是充满着困难、坎坷、挫折、失败，所以当太多的或不可接受的不如意向我们袭来时，我们自然会感到茫然和失望，这本是人之常态，许多人常因此半途而废，然而，其实只要再多等一分钟，再坚持一下，我们就会胜利。

我们之所以失望，主要是因为缺乏毅力和在困境时的自我确认。所以在我们遇到困境想放弃时，别忘了提醒自己：人生犹如四季的变迁，此刻只不过是人生的冬季而已。若冬天已来，春天还会远吗？只要不放弃希望，永远和失望做斗争，我们就会成为胜利者，希望就会变成现实。

3．拥抱希望的要诀

我们人类最宝贵的财富是希望，希望减轻了我们的苦恼，为我们在享受当前的乐趣中描绘来日乐趣的图景。

如果我们只限于当前，那么我们就不会再去播种，不会再去建筑，不会再去种植，我们就会没有希望。那么，我们该如何经营自己的希望呢？

(1)规划生活

学会平衡自己各种各样的要求和责任,这点对于我们很重要。如果我们觉得其中某件事是至关重要的,我们就很可能会忽略其他的事情。

如我们太专注于工作,就可能会忽略家庭,太专注你的个人爱好,那么工作和家庭将会被忽视。规划自己的生活,确定优先次序,才能带给你长久的希望和幸福。

(2)充满情趣

心情要靠自己调节,早上起床面对镜子给自己一个迷人的微笑,对自己说:"我是最棒的!"

知道自己没有条理,可以对症下药,为自己设计一个一日时间表,让自己充实起来,多看一些书,也可以出门旅行游览大好河山,放松自己的心态。还可以为自己制定一个目标,学一样本领,让生活充实起来。多和父母、同学交流自己的感受,相信自己,生活是五彩缤纷的。

(3)训练爱心

爱与被人爱,这是人的本能欲望。如果我们能够对社会、对他人充满爱心,并能够成功地获得对方的爱与尊重,我们就会很开心。

相反,如果我们既对他人缺乏欣赏的热情和兴趣,又不能获得他人的爱或尊重,我们很可能就会郁闷、压抑而痛苦不堪,就会感到生活没有多少希望。

让我们从关心身边的人和事做起,学会每天起床后对自己说"你好",在路上遇到需要帮助的人时,主动帮助别人并保持微笑。时间长了,习惯了,我们就有爱心了。

(4)保持好奇

我们在孩提时,大多有很强的好奇心,长大了,有所恶有所好,渐渐地发现我们自己的脚步放慢了，或是知识更新得更快了，我们感到自己跟不上时代的发展了，于是失去了希望。那么最好的方法就是找到我们的好奇心，这样我们会发现人生真是乐趣横生，生活也就充满了希望。

贴心小提示

作为男人，你的生活是充满了阳光还是阴暗，充满希望还是失望？你还在阴暗的角落里灰心叹气吗？你还在为没有得到自己想要的而痛苦不已吗？那么现在就让我们振作起来，一起寻找希望吧！

首先按优先次序列出事情，想想什么对你来说是最重要的。

然后将你的目标写到纸上或是放进你电脑中的特定文件夹里。每天都去读一读那些目标。

建议将写有目标的纸放在你能容易看到的位置，比如电冰箱门上或是浴室的镜子边。

再制订一个能达到目标的计划。将大目标分成几个小的目标，并为完成每个小目标定下完成的时间。

现在可以预想一下你的目标已经实现了，想想成功带给你的快乐吧！

不过不能光想象啊！当你看到能使梦想变为现实的机会，千万不要犹豫。

对你的目标要有激情，这样可以帮助你更好地实现目标。建议花些时间和那些有积极想法的人相处。而有消极思想的人会降低你的动力，并能激起潜意识中的自我怀疑，所以要远离他们。

要有恒心，即使你碰到了"拦路虎"也要继续前进。从困难中吸取经验教训，然后继续前进。